高职高专机电类专业课改教材

激光加工质量性能检测

主编 李勇 高尧 王坤

西安电子科技大学出版社

内 容 简 介

本书主要内容包括激光加工与检测简介，以及激光切割、激光熔覆、激光焊接、激光打孔、选择性激光烧结(SLS)和立体光固化成型(SLA)等常见激光加工工艺及加工产品的质量性能检测方法与标准。

本书可作为职业院校光电制造技术类、机械类专业教材，也可作为相关专业师生及企业工艺技术人员、品控及质检类人员的参考资料。

图书在版编目(CIP)数据

激光加工质量性能检测 / 李勇，高尧，王坤主编. --西安：西安电子科技大学出版社，2023.8
ISBN 978 - 7 - 5606 - 6910 - 6

Ⅰ.①激⋯　Ⅱ.①李⋯　②高⋯　③王⋯　Ⅲ.①激光加工—性能检测
Ⅳ.①TG665

中国国家版本馆 CIP 数据核字(2023)第 138687 号

策　　划　高 樱
责任编辑　高 樱
出版发行　西安电子科技大学出版社(西安市太白南路 2 号)
电　　话　(029)88202421　88201467　　　邮　编　710071
网　　址　www.xduph.com　　　　　　电子邮箱　xdupfxb001@163.com
经　　销　新华书店
印刷单位　陕西天意印务有限责任公司
版　　次　2023 年 8 月第 1 版　2023 年 8 月第 1 次印刷
开　　本　787 毫米×1092 毫米　1/16　印张　12.5
字　　数　291 千字
印　　数　1～1000 册
定　　价　36.00 元
ISBN 978 - 7 - 5606 - 6910 - 6 / TG

XDUP 7212001 - 1

＊＊＊如有印装问题可调换＊＊＊

前　言

激光加工技术是一种绿色清洁加工技术，它利用激光光束与材料产生热效应或光化学反应来完成加工过程。激光加工主要包括激光切割、激光焊接、激光熔覆、激光打标、激光打孔、激光雕刻、微加工等，其生产效率高，成本低，加工质量稳定，几乎能适应任何材料的加工制造，尤其在一些有特殊精度要求的（或特别的）场合和特种材料的加工制造方面起着无可替代的作用。

检测是指用指定的方法来检验或测试某种物体（或产品）指定的技术性能，适用于各种行业范畴的质量评定，如机械、水利、食品等。激光加工作为一项新兴加工技术，并不像传统加工技术那样已经形成一套完善的理论体系和规范的流程，因此，对激光加工产品进行质量性能检测就十分必要。

本书将融合激光加工与检测的相关知识，在激光加工与质量检测、性能检验之间搭建一个桥梁，针对常见的激光加工工艺及产品，综合介绍一套较完整的质量性能检测标准或方法体系，以帮助读者学习相关知识，从而对激光加工产品结果进行质量或效果方面的评估。

本书主要介绍激光切割、激光熔覆、激光焊接、激光打孔、选择性激光烧结（SLS）、立体光固化成型（SLA）等常见激光加工或成型工艺的质量性能检测方法。全书共分为7章，其中第1章由浙江工贸职业技术学院李勇编写，第2章由李勇和奔腾激光（浙江）股份有限公司诸葛昕合作编写，第3章由温州医科大学林继兴编写，第4章由浙江工贸职业技术学院王坤编写，第5章由九江学院赵岚编写，第6章由浙江工贸职业技术学院高尧编写，第7章由浙江机电职业技术学院吴韬编写。全书由浙江工贸职业技术学院李勇统稿，由浙江工贸职业技术学院李玲梦、胡一迪校稿。

本书在编写过程中，参考并引用了一些文献、图片等，编者对相关作者深表敬意并致以诚挚的感谢。

限于编者时间及水平有限，书中难免存在不足之处，恳请广大读者批评指正！

编　者

2023年1月

目　录

1

第1章　　　绪　　论

1.1　激光加工概述

由于激光具有单色性好、平行度好、亮度高和方向性好等特性，因此可将其应用于材料加工，从而形成一门新型加工技术，即激光加工技术。激光加工对加工对象的材质、形状、尺寸和加工环境等的宽容度很大，与计算机数控技术相结合，可构成高效的自动化加工设备，广泛应用于汽车、船舶、电子、电器、航空、航天、冶金、机械等工业制造领域，在提高劳动生产力、产品质量、生产自动化水平，以及降低污染、减少材料消耗等方面都有着十分重要的作用。

激光加工技术已广泛应用于切削、焊接、表面工程技术，以及金属材料、非金属材料和硬质合金的加工等各个方面。根据激光光束与材料相互作用的机理不同，激光对材料的加工可分为激光热加工和光化学反应加工两大类。

激光热加工是指利用激光光束投射到材料表面产生的热效应来完成加工过程，包括激光切割、激光焊接、激光熔覆、激光打标、激光打孔、激光热处理和激光毛化等。光化学反应加工是指激光光束照射到物体，借助高密度激光高能光子引发或控制光化学反应的加工过程，包括光化学沉积、激光雕刻刻蚀、立体光刻等。图 1-1 为激光加工的分类以及常见的激光加工工艺种类。

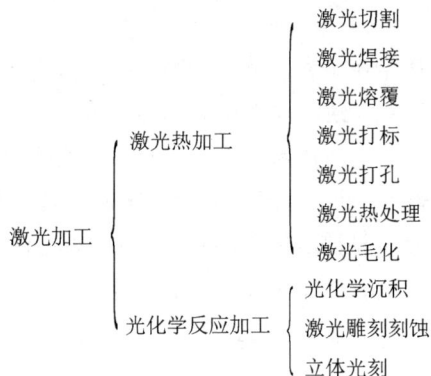

```
                                   ┌─ 激光切割
                                   │  激光焊接
                                   │  激光熔覆
                        激光热加工 ┤  激光打标
                                   │  激光打孔
                                   │  激光热处理
   激光加工 ┤                     └─ 激光毛化
                                   ┌─ 光化学沉积
                      光化学反应加工┤  激光雕刻刻蚀
                                   └─ 立体光刻
```

图 1-1　激光加工分类

由于激光加工技术是一种绿色的清洁能源加工技术，其生产效率高、成本低，加工质量稳定，具有良好的经济效益和社会效益，因此世界各国尤其是工业发达国家，都在大力发展和推广激光加工技术。数据显示，材料加工行业是激光产业最大的应用领域，目前金属切割、打标加工就已分别占据全球激光材料加工份额的 36％和 18％。2021 年全球激光加工市场规模大约为 1377 亿元(人民币)，预计 2028 年将达到 3630 亿元，2022—2028 年期间年复合增长率(CAGR)预计达到 14.7％。

1.2 检 测 概 述

1.2.1 检测的目的

制造任何一项产品，其质量性能检测都是十分重要的。激光加工技术作为一门新兴的加工技术，并不像传统加工技术那样已经形成一套完善的理论体系和规范的流程。因此，对激光加工产品进行质量性能检测就更为重要。在实际生产中，可结合工艺条件，对工艺进行生产验证和结果分析，并结合产品质量检验与性能检测的反馈，设计合适的加工工艺，从而制造出合格的产品，在此过程中，检测始终是其中一项必不可少的工序。

检测是指用指定的方法来检验或测试某种物体(或产品)指定的技术性能，适用于各类行业范畴的质量评定，如机械、水利、食品等。通过检测，可以达到以下目的：

(1) 判断产品质量是否合格。

(2) 确定产品质量等级或产品缺陷的严重性程度，为质量改进提供依据。

(3) 收集质量数据，并对数据进行统计、分析，为质量改进提供依据。

(4) 当供需双方因产品质量问题发生纠纷时判定质量责任。

1.2.2 检测的分类

1. 按照检测有无损害来分类

随着技术的进步，检测手段越来越多样化。按照检测方法对样品有无损害，检测可分为无损检测和有损检测。

无损检测是指在不损害或不影响被检测对象使用性能，不伤害被检测对象内部组织的前提下，利用材料内部结构异常或缺陷存在引起的热、声、光、电、磁等反应的变化，以物理或化学方法为手段，借助现代化的技术和设备器材，对试件内部及表面的结构、性质、状态及缺陷的类型、性质、数量、形状、位置、尺寸、分布及其变化进行检查和测试的方法。常用的无损检测方法有射线照相检测、超声检测、磁粉检测、渗透检测和涡流检测五种。其他无损检测方法还有声发射检测、红外热成像检测、泄漏检测、漏磁检测等。例如，对激光熔覆层表面进行的"着色探伤"检测就属于无损检测，这种检测在完成后对试样无损害，检测后的试样或样品可继续使用。

有损检测即对检测对象有伤害，检测后的样品被损坏或破坏，且无法让样品恢复原状和功能。例如，检测某产品的焊接强度时，可对激光焊接部位进行"拉伸试验"检测，拉伸后样品的焊接部位发生断裂，因此该检测过程对样品产生了破坏。

2. 按照检测性质来分类

按照检测结果对样品进行评判的性质不同，检测可分为定性检测和定量检测。

定性检测就是对检测对象进行"质"的方面的检测，根据检测结果可判定检测对象"有没有"或"是不是"的问题。例如，激光切割木材制品时检测其有无"炭化"现象，这种检测即为定性检测。图 1-2 是制品"炭化"现象检测的两种结果。

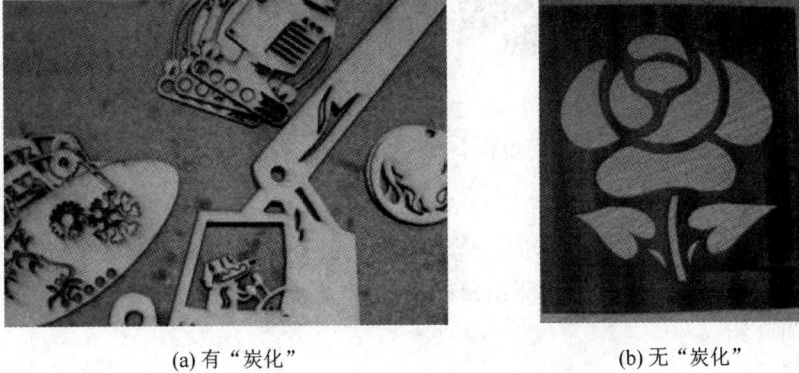

(a) 有"炭化"　　　　　　　　　　(b) 无"炭化"

图 1-2　产品"炭化"检测的不同结果

定量检测是对检测对象量值的多少进行分析判定的检测，它可以评判检测对象的数量关系或所具备性质间的数量关系，一般可得到具体的量值。例如，产品表面在激光熔覆处理后，要检测熔覆层的硬度值，这种检测即为定量检测，如某产品熔覆层硬度检测结果为 390HV0.2。

3. 按照检测有无使用工具来分类

按照检测过程中是否用到工具或仪器，检测可分为目视检测和器具检测。

目视检测是指通过眼睛对检测对象进行目视评估和判断，检测中无须用到任何工具或仪器，属于定性检测。它一般用于加工缺陷、质量缺陷等方面的检测，如检测激光切割钢板的"粘渣"情况，就可以直接采用目视法进行检视评估。图 1-3 是激光切割加工制品的"粘渣"情况检视的两种结果。

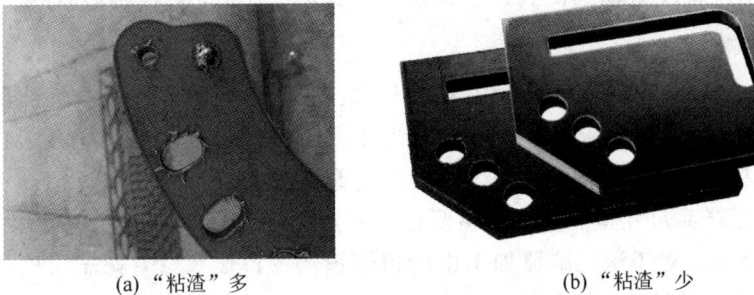

(a) "粘渣"多　　　　　　　　　　(b) "粘渣"少

图 1-3　产品"粘渣"情况检测的不同结果

器具检测是指通过工具或仪器对检测对象进行检验或评估，检测过程要靠仪器或工具来实现。例如，激光对某渗滤管进行切割缝隙加工时，其割缝宽度可采用游标卡尺来测量，此种检测即属于器具检测，如图 1-4 所示。器具检测的方法可用于定性检测，也可用于定量检测。

(a) 渗滤管的"割缝"　　　　　　　　　　(b) 游标卡尺

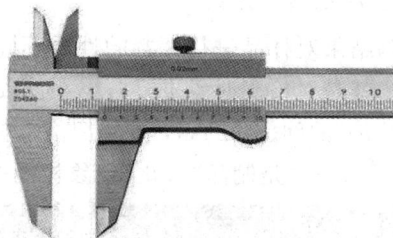

图 1-4　游标卡尺检测渗滤管"割缝"宽度

4. 按照检测内容来分类

按照对检测对象检测内容的不同，检测可分为缺陷检测、尺寸检测、性能检测和微观组织检测。这四项检测的内容及检测结果对评估激光加工产品的质量与性能非常重要，将在下一节专门介绍。

1.3 激光加工质量性能检测的内容

前已述及，激光加工质量性能检测的内容主要包括四大项目，即缺陷检测、尺寸检测、性能检测和微观组织检测。在实际生产中，根据激光加工产品加工工艺的不同，检测内容的偏向和具体检测项目也会不同，应根据具体要求进行相应的检测分析。

1. 缺陷检测

缺陷检测主要是检测加工过程中产生的缺陷及其严重程度。这里的缺陷主要是指加工缺陷，即产品在激光加工制造过程中形成的不合理的地方，如激光切割有机材料时出现的"炭化"缺陷、切割较厚钢板时出现的"缺口"缺陷等。在激光加工中，这些缺陷对产品质量有着非常明显的影响，及时监测到这些缺陷并对其进行评估，对控制产品的质量非常重要。

2. 尺寸检测

任何一项产品都应有固定的尺寸，在经过加工后，它们的尺寸一般都会出现一定的变化，加工工程中对有要求的部位的尺寸进行监控和检测，也是产品质量控制的一部分。尺寸检测主要包括对形位尺寸、精度尺寸、粗糙度等的检测。

形位尺寸是产品尺寸检测的一个主要检测项，它反映了产品加工尺寸大小或加工位置的偏差情况。例如，对于激光熔覆加工中所得熔覆层的厚度尺寸，就需要检测熔覆层的厚度大小是否合适；对于激光切割加工中切口的宽度尺寸，也需要检测切割缝的宽度尺寸是否合适。

精度尺寸也是尺寸检测的一个主要检测项，它反映了激光加工在产品加工中的精度或精确度问题。例如，激光切割精度反映了激光切割加工的误差情况。

粗糙度是尺寸检测中的另一个主要检测项，它反映了产品在加工面上的粗糙度情况，是评价产品加工质量的一项重要参考指标。例如，激光切割时切割面的粗糙度，反映了激光切割面的表面起伏情况或光滑程度。对加工面有光洁度要求的产品，就需要检测切割面的粗糙度情况。

3. 性能检测

性能是指产品在一定条件下，实现预定目的或规定用途的能力，任何产品都应具有特定的使用功能。通过激光加工过的产品，一般都会具备某些特别的性能或达到某些特别的目的，否则就会失去激光加工的意义。产品的性能主要包括力学性能、物理性能、化学性能等，产品的性能检测主要是对这些方面的性能进行检测。

力学性能是指材料在不同环境（如温度、介质、湿度等）下，承受各种外加载荷（如拉伸、压缩、弯曲、扭转、冲击、交变应力等）时所表现出的力学特征。力学性能一般包括强度、硬度、塑性、韧性、弹性、刚度、脆性、疲劳强度等，其中常用的是强度、硬度、塑性、韧性等。激光加工产品的力学性能检测一般是针对这些常用力学性能的指标进行检测，如检测激光焊接部位的焊接强度、检测材料经激光表面淬火后的淬火硬度等。

物理性能主要包括密度、熔点、热膨胀性、磁性、导电性与导热性等。在实际应用中，物理性能检测主要是检测某些激光加工产品的某些或某项特定的物理性能。例如，生产中需要检测激光熔覆层的热膨胀情况时，热膨胀系数就是一项反映其性能的物理量。

化学性能是指产品在常温或高温时抵抗各种化学介质作用所表现出来的性能，主要包括耐蚀性、抗氧化性和化学稳定性等。同物理性能一样，在实际应用中，化学性能检测也主要是检测某些激光加工产品的某些或某项特定的化学性能。例如，用盐雾试验检测球阀表面熔覆层的耐腐蚀性能时，耐腐蚀性能就是一项化学性能。

另外，在分类习惯上，物理性能和化学性能统称为理化性能，其检测可统称为理化检验。

4. 微观组织检测

用肉眼或借助显微镜观察到的具有某种形态特征的组成物称为组织。实质上，组织是一种或多种相按一定方式相互结合所构成的整体组成物的总称。由于组织直接决定着性能，因此在生产上，对某些激光加工产品的组织进行检测和分析，对改进产品质量、优化产品加工工艺非常重要。

微观组织检测主要是借助显微镜或扫描电镜来检测产品加工的微观缺陷或微观组织结构，这种检测在很多情况下非常有助于分析判断产品加工的质量情况。例如，激光焊接部位的热影响区情况、激光熔覆层的晶粒度级别情况等，都需要借助显微镜对加工部位的微观结构进行观测和分析。

1.4 学习内容与目标

近年来，激光加工技术在企业生产中得到了越来越广泛的发展与应用，随着激光加工技术在各个行业的延伸，与工艺扩展相伴的产品加工的质量控制问题也日益突出。目前，科技的发展与进步很快，检测技术与手段也越来越多样化，这为激光加工与产品检测两项技术的融合发展带来了契机，可以利用现有的检测技术与方法为激光加工产品的质量控制提供结果反馈，为激光加工工艺的优化、产品应用领域的扩展做出贡献。

因此，学习并掌握与激光加工相关的检测知识，掌握激光加工产品的质量性能检测方法与技能，在激光加工过程中能够根据产品质量性能要求，合理地选择工艺参数，正确地制定工艺路线，从而充分发挥激光加工的优势以及激光加工赋予产品的性能潜力，获得理想的使用性能，做到低碳环保加工，降低成本，是从事激光机械制造与加工应用工作的工程技术人员必须具备的能力。目前，专门针对激光加工产品的检测方法与技术知识体系的论著较少，本书希望在此领域做出初步的尝试。

本书的内容主要包括激光切割、激光焊接、激光熔覆、激光打孔、选择性激光烧结、立体光固化成型等常见激光加工工艺的产品质量性能检测等方面的知识及典型案例。

通过学习，可以了解激光加工的常见工艺门类、各加工工艺的特点，熟悉激光加工产品的质量性能检测方法，初步具备检测技能；熟悉激光加工工艺与产品质量性能之间的关系，初步具有根据产品性能要求合理安排激光加工工艺路线的能力。如果学习者具备激光加工工艺及工程材料方面的基础知识，本书的学习将具有事半功倍的效果。

书中内容的实践性和应用性都很强，在学习中应注意理论与生产实际相结合，以应用为主，从典型案例的学习与认知中汲取精华，举一反三，提高分析问题和解决实际问题的能力。

第 2 章　激光切割质量性能检测

2.1　激光切割技术简介

激光切割是指将激光光束聚焦到微小的空间内，形成的高能量密度光束照射到材料表面使之熔化，同时与激光光束同轴的压缩气体吹走被熔化的材料形成切缝，使激光光束与材料沿一定轨迹作相对运动，即形成具有一定形状的切缝。激光切割能利用高密度的能量，以无接触、高速度、高精度的方式实现材料切割，它摆脱了机械切割、线切割等传统切割方式的束缚。与传统切割方法相比，激光切割具有更高的切割精度、更低的粗糙度和更高的生产效率；很多传统加工方法不能加工或难以加工的材料、难以实现的加工形状、难以达到的加工精度，利用激光切割则可以很方便地实现。目前，激光切割技术已广泛应用于金属材料和非金属材料的加工。

2.1.1　激光切割的基本原理、分类及特点

1. 激光切割的基本原理

激光切割以连续或重复脉冲方式工作，切割过程中激光光束聚焦成很小的光斑，光斑焦点处可达到很高的功率密度（一般超过 10^6 W/cm^2），由于光束产生的热量远远超过被材料反射、传导及扩散的热量，材料很快被加热至汽化温度，然后蒸发形成孔洞；随着光束与材料的相对移动，并配合以辅助气体（如二氧化碳、氧气、氮气、氩气等）吹走熔化的废渣，孔洞即可连续延伸形成宽度很窄的切缝，从而完成对材料的切割，且切边受热影响较小。图 2-1 为激光切割的原理示意图。图 2-2 为激光切割板材时的工作图。

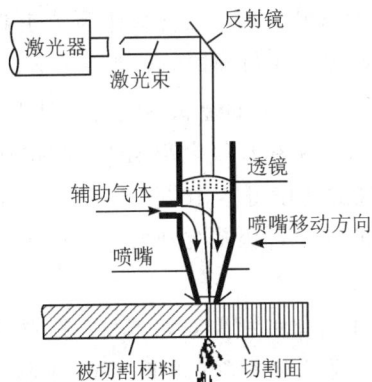

图 2-1　激光切割的原理示意图

图 2-2　激光切割工作图

2. 激光切割的分类

1）按激光切割材料的材质分类

按照激光切割材料材质的不同，激光切割可分为金属切割和非金属切割。金属切割主要是切割金属及合金材料，如碳钢、合金钢、不锈钢、钛合金、铝及铝合金、铜及铜合金等。非金属切割主要是切割无机非金属材料、高分子材料等，如玻璃、陶瓷、木材、塑料、皮革、布料、纸张等。图2-3和图2-4分别为激光切割金属材料制品和激光切割非金属材料制品。

图2-3　激光切割金属材料制品

图2-4　激光切割非金属材料制品

2）按激光切割过程的本质分类

按照激光切割过程本质的不同，激光切割可分为以下四种：汽化切割、熔化切割、氧助熔化切割和控制断裂切割。

（1）汽化切割。

汽化切割中，材料的去除靠激光能量瞬间使材料汽化。在高功率密度激光光束的加热下，除一部分光被材料反射外，其余光被材料吸收变为热能，使材料表面温度迅速升高至沸点温度而无明显熔化，于是部分材料汽化成为蒸气逸出，表面形成小孔，小孔相当于黑体，再加上表面氧化等因素，材料对激光的吸收率急剧增大，部分材料作为喷出物从切缝底部被高压气流吹走形成切口。采用这种切割机制切割金属材料时，需要 10^8 W/cm^2 左右高功率密度的激光，但也不能过高，如果功率密度太高，产生的金属蒸气密度过大，会对入射的激光有屏蔽作用，即激光的能量被金属蒸气吸收，并在蒸气内部反射，将减少到达工件内部的激光能量，反而会影响正常切割。金属蒸气的速度可达 10^4 m/s，这样高的速度产生的冲击压力会对工件表面产生回弹，形成的压力波在工件内部发生反射，产生表面拉应力，从而可能导致脆性材料的表面剥落破坏。

汽化切割主要使用脉冲激光，用于切割一些不能熔化的材料，如木材、塑料以及陶瓷等，实际生产过程中汽化切割多用于极薄金属材料和非金属材料（如纸、布、木材、塑料和橡皮等）的切割。汽化切割过程中，蒸气可随时带走熔化质点和冲刷碎屑，形成孔洞。这是激光打孔的基本形式，金属材料的激光切割通常不采用这种机制。

（2）熔化切割。

熔化切割中，材料先被激光熔化，然后被辅助气体吹除。金属材料的熔化切割机制可概括为，当入射的激光光束功率密度超过某一阈值时，光束照射点处的材料开始蒸发，形成孔洞。一旦这种小孔形成，它将作为黑体吸收所有的入射光束能量。小孔被熔化金属壁所包围，然后，与光束同轴的辅助气流（如氩气、氦气、氮气等非氧化性气体）会把孔洞周围的熔融材料去除。熔化切割所需要的激光功率密度只有汽化切割的 1/10，大约为 10^7 W/cm^2。随着激光光束的移动，小孔在切割方向上同步横移形成一条切缝，熔化材料持续或脉动地从缝内被吹掉，从而形成切口。

熔化切割主要应用于不能与氧发生放热反应的材料，即一些不易氧化的材料或活性金属，如不锈钢、钛、铝及其合金等。

（3）氧助熔化切割。

熔化切割一般使用惰性气体，如果使用氧气或其他活性气体作为切割气体，那么材料在激光照射下会被点燃，将与氧气发生激烈的放热反应，如在切割钢时，发生下述反应：

$$2Fe + O_2 \longrightarrow 2FeO + 267\ kJ$$
$$4Fe + 3O_2 \longrightarrow 2Fe_2O_3 + 823.4\ kJ$$
$$3Fe + 2O_2 \longrightarrow Fe_3O_4 + 1120.5\ kJ$$

这些反应都是放热反应，这种切割就是氧助熔化切割。这种切割放出的热量可为后续切割提供热量，如钢在纯氧中燃烧所放出的能量约占全部热量的 60%。因此，这种切割方法所需要的激光能量只有汽化切割的 1/20。氧气流对切口起冲刷作用，能将燃烧生成的熔融氧化物吹掉，并对达不到燃烧温度的部分起冷却作用，降低热影响区的温度。氧助熔化切割的切割速度远远大于汽化切割和熔化切割的切割速度。

氧助熔化切割主要用于碳钢、钛钢以及热处理钢等易氧化的金属材料的切割，是目前应用最为广泛的切割方法。

（4）控制断裂切割。

对受热后易破坏的脆性材料，在激光光束加热的小块区域，将引起高的热梯度和严重的机械变形，从而导致材料形成裂纹。但是，只要保持均衡的加热梯度，激光光束就可引导裂纹在任何需要的方向产生，这就是切割玻璃等具有高膨胀系数的材料的有效方法，即控制断裂切割。这种切割方法的切割速度快，不需要太高功率，否则会引起工件表面熔化，破坏切缝边缘。

控制断裂切割机制不适用于切割锐角，另外，对于切割特大且外形封闭的材料也不容易成功。

3. 激光切割的特点

激光切割的切缝窄，切口质量好，噪声小，几乎没有切割残渣，切割速度快，几乎不受切割材料的限制。因此，激光切割既可以切割特软的材料，也可以切割特硬、特脆的材料；既可以切割金属，也可以切割非金属。激光切割的特点可总结如下。

（1）切割质量好。具体体现在以下几个方面：① 激光切割切口细窄，切缝两边平行并且与表面垂直，切割零件的尺寸精度可达±0.05 mm；② 切割表面光洁美观，表面粗糙度只有几十微米，甚至激光切割可以作为最后一道工序，无需机械加工，零部件可直接使用；③ 材料经过激光切割后，热影响区宽度很小，切缝附近材料的性能也几乎不受影响，并且工件变形小，切割精度高，切缝的几何形状好，切缝横截面形状呈现为较规则的长方形。

（2）切割效率高。激光切割机上一般配有多台数控工作台，整个切割过程可以全部实现数控化。操作时，只需改变数控程序，就可实现不同形状零件的切割，既可进行二维切割，又可进行三维切割。

（3）切割速度快。用功率为 1200 W 的激光切割 2 mm 厚的低碳钢板，切割速度可达 6 m/min；切割 5 mm 厚的聚丙烯树脂板，切割速度可达 12 m/min。材料在激光切割时不需要装夹固定。

（4）非接触式切割。激光切割时割炬与工件无接触，故不存在工具的磨损。加工不同形状的零件时，不需要更换"刀具"，只需改变激光器的输出参数。激光切割过程噪声低，振动小，无污染。

（5）切割材料的种类多。与氧乙炔切割和等离子切割相比，激光切割的材料种类多，金属、非金属、金属基和非金属基复合材料、皮革、木材及纤维等均可切割。当然，对于不同类别的材料，由于自身的热物理性能以及对激光的吸收率不同，会表现出不同的激光切割适应性。

当然，激光切割也存在一些不足，如由于受激光器功率和设备体积的限制，激光切割只能切割厚度较低的板材和管材，随着工件厚度的增加，切割速度会明显下降。另外，激光切割的设备费用较高，一次性投资较大。

2.1.2　激光切割质量的影响因素

影响激光切割质量的因素很多，J. Fieret 等人对此进行了研究，总结出了近 50 个参数，主要包括三个方面，即切割材料、激光以及辅助气体。切割材料本身的特性起着至关重要的作用，它决定了该材料是否能用激光切割，如金属紫铜，由于它对 CO_2 激光具有强烈的反射作用，因此无法用 CO_2 激光切割紫铜。图 2-5 列出了激光切割影响因素。为避免问题过于复杂化，下面将排除切割材料自身影响因素，仅从激光及辅助气体等加工参数因素展开讨论。

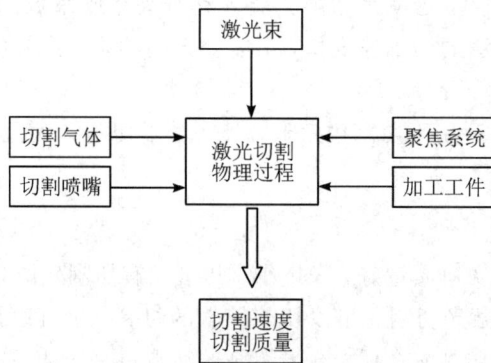

图 2-5　激光切割影响因素

1. 光束质量对激光切割质量的影响

除材料因素外，激光自身因素对切割质量的影响也非常重要。在众多的激光因素中，要特别强调激光的光束质量。切割用的激光首先要有高光束质量，而且为了得到高的功率密度和精细的切口，聚焦光斑直径要小。为此，激光光束的模式应该尽可能接近基模。

评价激光光束质量的好坏可以采用光束远场发散角、光束聚焦特征参数值 K_f（K_f 定义为光束束腰半径和远场发散半角之积，故用该参数评价激光光束质量的方法称为双参数法）和光束传输比 M^2 或光束传输因子 K。 M^2、K、K_f 之间的关系为

$$M^2 = \frac{1}{K} = \frac{\pi}{4\lambda} K_f$$

其中，λ 为光波波长。

对于小功率激光光束，从技术上可以保证其输出模式为基模，基模激光光束的传输与聚焦遵循高斯定律。而对于大功率激光光束，其模式不再是基模，光场结构也不同于基模激光光束，而一般是多模的组合，因此有其自身的传输与聚焦规律。研究大功率激光光束的光束传输、变换与聚焦规律，必须对大功率激光光束进行描述。目前常采用光束质量因子来描述多模激光光束，光束质量因子可以使大功率激光光束与基模高斯光束很方便地联系在一起。

小功率激光器，工作物质均匀稳定，一般可以实现基模输出，其光束横截面能量分布为高斯分布，且在传输过程中保持不变。通过精心调节小功率激光器的前后镜的倾斜度，可获得高阶高斯光束的输出，其光束横截面能量分布对方形镜腔为厄米-高斯分布，对圆形镜腔为拉盖尔-高斯分布，在传输过程中不发生变化。

大功率激光器，一般不易得到基模输出，这与谐振腔中工作物质的状态有很大关系。当工作物质比较均匀时，可以获得接近基模的输出。当工作物质不太均匀时，可得到相同频率的混合模激光光束输出。这种光束的各种模式的频率相同，但是光束横截面能量分布在传输与聚焦过程中将发生变化。当工作物质很不均匀时，激光光束不再完全相干，激光光束不同模式之间的频率也不再完全相同，会形成不同频率的混合模激光光束，其在传输过程中，光束横截面能量分布在不同的时间和空间内都是不相同的。习惯上将高阶高斯光束以及相同或不同频率的激光光束统称为多模激光光束。当激光光束的频率分布在某中心频率附近，且呈随机分布时，激光光束表现为 Gauss-Schnell 模式，其传输特性受光束的相干度的影响很大，对该类激光光束的传输、变换与聚焦特性的研究仍在进行中。

受耦合位相和附加相移的影响，多模激光光束的横截面能量强度分布沿传输方向是变化的。尤其是激光光束在介质（如光纤、晶体、大气等）中传输时，受介质的干扰，各个模式之间将发生耦合，如果造成低阶模向高阶模耦合，将使光束质量变差。相干混合模激光光束一般是大功率的 CO_2 激光光束。在实际激光加工过程中，CO_2 激光光束一般作近距离的大气传输，图 2-6 为 TLF6000t 大功率 CO_2 激光器所发出的混合模激光光束在 5 个传输位置的横截面大小及其强度分布变化状况与采用计算机模拟的对比结果。

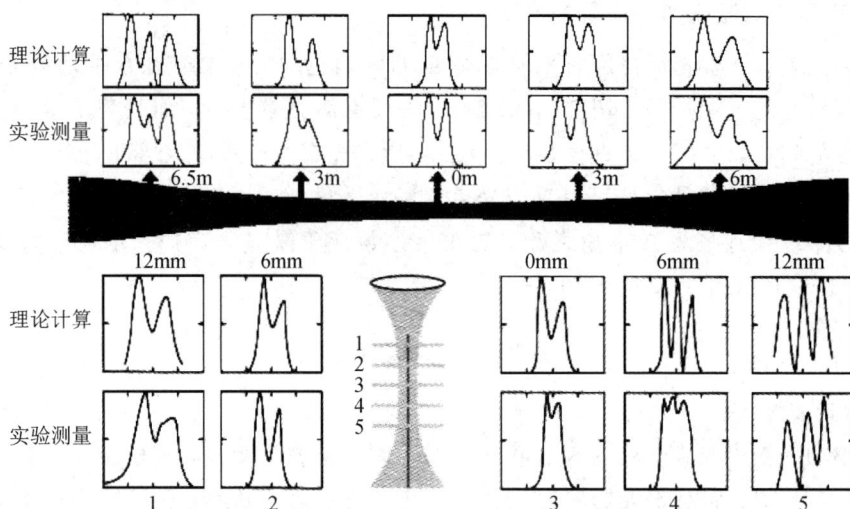

图 2-6　大功率 CO_2 激光光束的传输特性

在激光加工中，要求在焦点附近的光强分布应尽量保持一致，这样才能保证有较好的加工质量。在激光切割时，当板材表面起伏不平时，如果在焦点附近的光强分布不一致，那么照射在不同厚度板材上的光束强度分布也不一致，会导致加工质量不均匀。尤其对于飞行光学导光系统，由于在不同的加工位置，束腰距聚焦镜的距离不相同，附加相移也不相同，这将导致焦点在不同位置处的光强分布不一样。光束在不同加工位置处强度分布的不一致将会造成在整个加工范围内加工质量不均匀，同一个加工参数不能很好地适用于整个加工范围，增加了激光加工的难度。

一般在激光加工中导光系统的类型有两种：固定光束与移动光束。在大功率激光加工中，飞行光学导光系统同光束固定的导光系统相比，具有更大的灵活性，因而被广泛应用于二维和三维的激光加工中。为了在整个加工范围内获得良好的加工质量，在设计飞行光学导光系统时，必须要确保飞行光学导光系统中光束传输、变换和聚焦的稳定性。由于应用于激光加工的大功率 CO_2 激光器发出的激光光束一般为多模形式，在激光光束传输的不同位置，其聚焦焦斑的大小和焦斑的位置将发生变化，当加工范围很大和光束质量较差时，将严重影响加工质量的稳定性。因此为保证在加工范围内某一处的加工工艺参数能适用于整个加工范围，必须研究各种因素对大功率激光光束传输和聚焦的影响，设计适合不同加工要求的飞行光学导光系统，以达到在整个加工范围内最大限度地保证加工质量稳定性的目的。而要达到此目的，首先必须要考虑光束质量对多模激光光束传输的影响。

一般地，从激光器发出的原始激光光束的发散角比较大，光束直径沿传输路径迅速扩大。显然，对于口径一定的导光系统，这样的原始激光光束是不能直接用来传输的，必须对其进行变换，降低其发散角。另外，当加工范围很大时，还必须考虑到多模激光光束在不同加工位置处聚焦的焦点偏移和焦点大小的变化。

采用倒置光学望远镜可以对激光光束进行光束变换，降低传输光束的发散角，并将激光光束的束腰位置变换到加工位置的中心。对于小功率激光光束，传统倒置望远镜的前后镜一般是正透镜，但是对大功率激光光束来说，不适合采用正透镜作为前后镜，考虑到需要良好的冷却，一般采用铜反射镜，而且铜反射镜构成的倒置望远镜的前镜还不应采用凹面镜。这是因为，倒置望远镜的前镜的焦距一般比较短，聚焦焦斑比较小，在大功率情况下，容易引起事故，而且会引起空气击穿，造成光束畸变，使光束质量变差。而且若是倒置望远镜的前镜采用凸面镜，可以缩短两个反射镜之间的距离，使结构紧凑。因此对大功率激光光束，倒置望远镜的前镜应采用凸面镜，后镜采用凹面镜，如图 2-7(a)所示。在分析光束的变换时，可以将凸面镜等效为负面镜，凹面镜等效为正透镜，如图 2-7(b)所示。

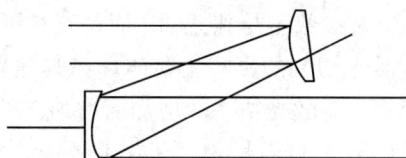

(a) 铜反射镜构成的倒置望远镜系统

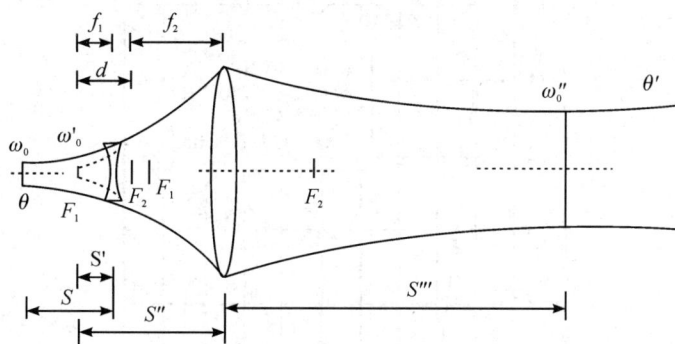

(b) 倒置望远镜系统的等效光路结构

图 2-7　采用倒置望远镜实现激光光束变换示意图

　　图 2-8 为 TLC105 激光加工机原始激光光束与采用倒置望远镜变换系统变换后光束传输的比较。从图中可以看出，使用望远镜后，光束直径变化缓慢，束腰在加工范围的中心，这有利于提高加工质量。

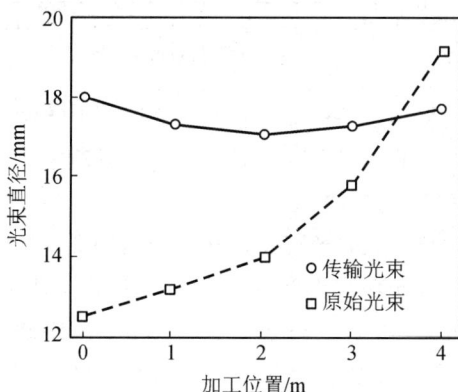

图 2-8　原始激光光束与采用倒置望远镜变换系统后光束传输的比较

对于束腰大小相同(导光系统的口径一定)而光束质量不同的光束,光束质量越好,有效加工范围就越大;反之,有效加工范围就越小。因此,当光束的质量很差时,这种光束将不适合采用飞行光学导光系统来进行大范围的激光加工;光束质量越好的光束越适合进行大范围的激光加工,也越有利于提高加工质量。

2. 光束参数对激光切割质量的影响

根据光束参数对激光加工的影响,又可以把光束参数按能量特性、模式特性和焦点特性进行分类,这三个方面的光束参数不是独立的,而是互相影响的。

激光光束的能量特性对激光切割的影响主要体现在其他参数一定的情况下,切割速度随最大切割板厚的增加而减小,随激光功率的增加而增加。图 2-9 为采用德国 Rofin-Sinar 公司的扩散冷却型 DC25 型 CO_2 激光器切割 Cr-Ni 不锈钢材料的实验情况,可以看出:随着材料切割厚度的增加,切割速度呈一直减小的趋势。

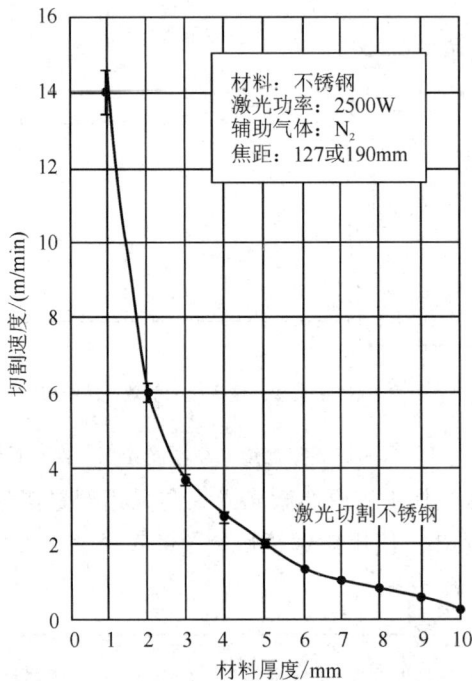

材料:不锈钢
激光功率:2500W
辅助气体:N_2
焦距:127或190mm

激光切割不锈钢

图 2-9 DC25 型 CO_2 激光器切割不锈钢

光束模式决定了聚焦焦点的能量分布,对激光加工具有重要的影响。对激光切割来说,光束模式为基模时,光束聚焦性能最好,切割质量也最好。

聚焦光束的发散角一般都较大,光斑尺寸在焦点附近的变化比较大,这样不同的焦点位置将使作用在材料表面的激光功率密度变化很大,从而对切缝的影响很大。一般规定焦点位置在工件表面以下为负离焦,在工件表面以上为正离焦。图 2-10 为焦点位置的三种情况。在进行激光切割时,若焦点位置位于工件表面或略低于工件表面,则可以获得最大的切割深度、较小的切缝宽度。在大范围 CO_2 激光加工中,焦点位置在不同的加工部位是不同的,这必然会影响到激光切割质量的稳定性,在生产中应予以必要的重视。

焦点位置Z/mm

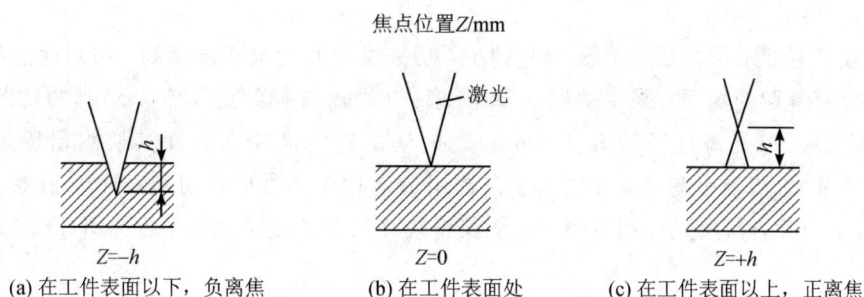

(a) 在工件表面以下，负离焦　　　(b) 在工件表面处　　　(c) 在工件表面以上，正离焦

图 2 - 10　焦点位置的三种情况

3. 主要工艺参数对激光切割质量的影响

在实际应用中，用户购买了激光切割机（或激光加工系统）后，激光器的许多光学特性是系统确定好的，它们无法被更改。因此，需要用户选择和决定的参数只有几个，只要能把这几个参数确定下来，切割便有了依据。下面选取几个主要参数或因子进行分析。

1）切割头

大多数的激光加工系统均配备了多个切割头，如 5 in、7.5 in(in 为英制单位英寸的缩写，1 in ＝ 2.54 cm)切割头等。切割头不同，其焦距不同。一般来说，激光光束经短聚焦透镜聚焦后的光斑尺寸小，焦点处功率密度高，对降低切口宽度，得到更精细的切口有利，但它的不利之处是焦深很短，调节余量小，一般只适合切割薄型材料。对厚工件，由于长焦长透镜有较宽焦深，在切割厚度范围内，光斑直径变化不大，只要有足够的功率密度，用它切割比较合适。总之，焦距应根据被切材料的厚度来选取，兼顾聚焦光斑直径和焦深两个方面。一般规定，超过 4 mm 厚的钢板，均用 7.5 in 切割头切割。

2）离焦量

由于激光功率密度对切割速度影响很大，因此，保持焦点与工件的相对位置恒定对保证切割质量尤为重要。由于焦点处的功率密度最高，因此，在大多数情况下，激光切割的聚焦光斑位置应靠近工件表面，并略在工件表面以下，即－0.1～0 mm。这时，喷嘴与工件表面间距一般在 0.5～1.5 mm 之间。当焦点处于最佳位置时，切缝最小，效率最高，最佳切割速度可获得最佳切割结果。

在切割较薄的钢板时，一般将焦点位置设在切割工件表面处，离焦量为零，切口宽度基本等于光斑直径。不论离焦量是正还是负都会增加上部或下部切口宽度值，这样会增大切割倾斜角，同时也会增加表面粗糙度。对于厚度较大的工件，如果焦点设在工件表面，切割后就会形成"楔形"切口，而且上部切口宽度往往大于光斑直径。要获得较好的切口，应将焦点位置设在工件表面下大约 $1/3H$～$1/2H$（H 为板材厚度）处，这样易获得均匀的切口宽度。

另外，焦点深度的影响也不能忽视，激光光束的焦点深度与焦距 f 之间近似呈线性正比关系。焦距 f 增大，焦点深度增加；焦距 f 减小，焦点深度变小。此外焦点深度与光斑直径 d 也呈正比，对切割来说，一般希望聚焦光斑直径越小越好，这样功率密度可以提高，有利于实现高速切割，得到较小的切口宽度值。但是，当聚焦光斑直径过小时，焦点深度也过小，此时就难以获得垂直度好的切割表面，所以要保持一定的焦点深度。

3）光束模式

光束模式越低，聚焦后的光斑尺寸越小，功率密度和能量密度越高，切割性能越好。例如，在切割低碳钢的场合，采用基模 TEM_{00} 模式（光斑直径约为 $180~\mu m$）时的切割速度比采用 TEM_{01} 模式（光斑直径约为 $210~\mu m$）时的切割速度高 10%，而其切割粗糙度比采用 TEM_{01} 模式时的切割粗糙度低 $10~\mu m$。在选用最佳切割参数时，切割表面的粗糙度 Rz 只有 $0.8~\mu m$。因此，在激光切割金属时，从获得较高质量角度考虑，一般选用 TEM_{00} 模式的激光。

4）激光功率

激光能量是切割过程得以进行的主要能量来源，对连续激光加工而言，激光功率的大小和模式都会对切割产生重要影响，激光功率与切割速度（线能量）决定了输入到工件上的能量。实际操作时，常常设置最大功率以获得高的切割速度。当辅助气体压力和切割速度一定时，随着激光功率的增加，切口宽度与激光功率呈现一种线性正比关系。激光功率过小，则切口切不开，或切口表面粗糙度增加；随着激光功率的增大，切口表面粗糙度会下降，但当激光功率增加到一定值后，若继续增加，则会增大切口，而粗糙度反而又会增大。因此，不同厚度的材料都有一个最佳激光功率。对于同一台激光器而言，希望激光功率尽可能大，这样可以充分发挥激光器的功率优势，但要注意保持功率稳定，以保证切口前后质量一致。

5）切割速度

对给定的激光和材料，只要激光功率密度在某一阈值以上，激光的切割速度就与激光功率密度呈正相关，即增加功率密度可提高切割速度。对切割金属材料而言，在其他工艺变量保持恒定的情况下，激光切割速度可以有一个相对调节范围且仍能保持较满意的切割质量，如图 2-11 所示，这种调节范围在切割薄金属件时比切割厚金属件时要稍宽一些。

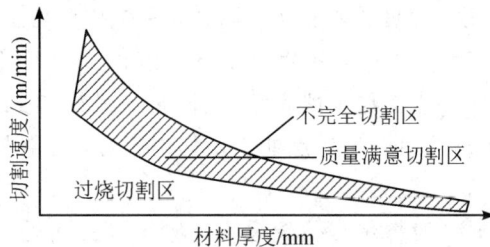

图 2-11 切割质量满意区域图

为提高生产效率，应尽可能采用高速切割。但切割速度过高时，切口会出现清渣不净或切不透的现象；而切割速度过低时，又会出现材料过烧的情况，此时切口宽度和材料热影响区会过大。因此，当激光功率和辅助气体压力一定时，要优化切割速度。切割速度与切口宽度近似呈非线性反比，若切割速度高，则切口宽度小；若切割速度低，则切口宽度大。切割速度与粗糙度近似呈抛物线关系，切割速度过慢，则粗糙度迅速增大；随着切割速度增加，粗糙度逐渐减小；当超过最佳切割速度后继续增大切割速度时，粗糙度又会缓慢增加；当激光切割速度增加到一定程度时就会因功率不足而切不开。

6）辅助气体种类与压力

激光切割时，辅助气体的种类和辅助气体的压力对切割过程和质量有着重要影响。辅助气体主要是惰性气体和活性气体，除用于吹掉切割区的熔渣以清洁切缝外，对非金属材料和部分金属材料，可使用压缩空气或惰性气体来清除熔化和蒸发的材料，同时抑制切割区过度燃烧。对大多数金属材料，所使用的活性气体(如氧气)能和高温熔融金属发生放热反应，增加能量输入，帮助切割。例如，用氧气切割碳钢时，反应放出的热量可使切割速度提高 30%～50%。实践表明，氧气的纯度对切割质量有明显的影响，氧纯度降低 2%，切割速度会降低 50%，并导致切口质量显著变坏。辅助气体还可以冷却切缝临近区域，以减小热影响区尺寸、保护聚焦透镜等。

激光切割对气流的基本要求是进入切口的气流量要大，速度要高，以便有充足的氧气使切口材料充分进行放热反应，并有足够的动量将熔融材料喷射带出。高速切割薄板时，增加气体压力可以提高切割速度，防止切口背面粘渣。当材料厚度增加时，压力过大会引起切割速度下降，这是因为气体对加工区的冷却效应得到增强，以及气流冲击可能会引起光束二次聚焦或光束发散。辅助气压还是引起切割前沿扰动层不稳定的因素之一。当激光功率、切割速度一定时，辅助气体(氧气或氮气)压力对切割质量有明显影响。若适当增加气体压力，由于气体动量增大，排渣能力提高，可使切割速度增加；但若压力过大，切割表面反而变粗糙。

7）喷嘴直径

随着喷嘴直径的增加，气流对切割区的强烈冷却作用会使热影响区变窄，但喷嘴直径过大将导致切缝过宽。一般激光设备生产厂均提供标准喷嘴。

8）喷嘴离工件表面的距离

气流从喷嘴流出，沿喷嘴轴线将交替出现气流高压区，第一高压区紧邻喷嘴出口。在这个区域放置工件，切割压力大而稳定，切割效果好。这时工件表面到喷嘴出口的距离约为 0.3～1.3 mm。但工件表面离喷嘴出口太近，切割溅射物容易损伤聚焦透镜。将工件表面置于第二个高压区，即距离喷嘴出口约 3 mm 时，切割效果同样好，而且可以有效避免溅射物。

2.2　激光切割质量评价

不同的切割目的，对激光切割的质量要求也不同，本节将详细介绍一般材料的切割质量评价及其检测方法。

2.2.1　激光切割质量评价依据

关于激光切割质量的评定标准，目前国内尚无统一标准，国外各个国家和地区也不完全一致，而且每个激光设备公司的评定标准也有差异。本节仅从技术上讨论激光切割质量的评价项及影响因素，包括激光切割的尺寸精度、切口质量。

对于一般材料的激光切割，在实际生产中，其切割质量的评价主要包括激光切割的尺寸精度评价和切口质量评价两大类。而常用的切口质量的评价项主要包括五类，分别是切口宽度、切割面粗糙度、切割面倾斜度（或垂直度）、热影响区和粘渣。当然，不同的激光切割材料和切割方式，其切口质量的评价项会有所差异，如有机材料切割质量的评价项还应包括炭化，如厚板切割质量的评价项还应包括缺口等。图 2-12 为激光切割质量评价项目图。

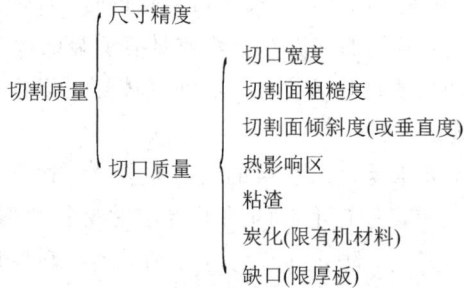

$$
切割质量
\begin{cases}
尺寸精度 \\
\\
切口质量
\begin{cases}
切口宽度 \\
切割面粗糙度 \\
切割面倾斜度(或垂直度) \\
热影响区 \\
粘渣 \\
炭化(限有机材料) \\
缺口(限厚板)
\end{cases}
\end{cases}
$$

图 2-12　激光切割质量评价项目图

金属材料在高能量密度的激光光束作用下发生熔化，同时在与激光光束同轴的高压气体流（部分气体参与了化学反应，并生成金属氧化物）的作用下，克服金属表面张力和由于黏度作用产生的黏着拉力，大部分熔融金属被除去，但切割边缘少量熔融金属在高速冷却条件下，又重新凝固而附着在金属切口端面形成切口表面，这些因素的共同作用，决定了金属切口的质量等级。对于激光热切割加工而言，评价其加工质量主要包括以下几个原则：① 切缝光滑，无条纹；② 没有脆性断裂；③ 切口宽度一般在 0.15～0.3 mm 之间，这主要与激光光束光斑直径的大小有关；④ 切缝垂直度好；⑤ 热影响区小；⑥ 没有材料燃烧；⑦ 没有熔化层形成；⑧ 没有大的熔渣；⑨ 切割面粗糙度小，切割面粗糙度的大小是衡量激光切割质量好坏的关键指标。除上述原则外，加工过程中熔化层的状态和最终形态，也直接影响着激光切割质量。

2.2.2　激光切割的尺寸精度

激光切割的尺寸精度是由切割机数控机床性能、光束质量、加工现象而决定的整体精度。要提高加工精度就需要分离这些组合的精度，对其各自的精度分别进行研讨。

切割机数控机床性能所决定的加工机精度包括静态精度（如定位精度、反复精度等）和动态精度（表示随切割速度变化的加工形状轨迹精度）。光束质量对加工精度的影响来自照射光束的圆度、强度分布的不均匀性以及光轴的紊乱。加工现象决定的精度与氧化反应引起的异常燃烧、热膨胀、切割面粗糙度、材质等被加工物的性质有关。在一般材料的激光切割过程中，由于切割速度较快，工件的热变形很小，通过对设备的精确调试和必要的程序补偿，光束质量和加工现象对加工尺寸精度的影响可以降低到较小的程度，此时切割工件的尺寸精度主要取决于切割机数控机床的机械精度和控制精度。

考虑到上述几点，简单分析激光切割机状态的方法是把如图 2-13 所示的加工平台上试件的四角和中央作为 5 个切割位置，切割如图 2-14 所示的八角形加一个内圆形状的试件，该试件为 2 mm 厚的普通冷轧钢板。加工后得到的八角形的边长为 100 mm，内圆孔直径为 30 mm。测量尺寸为 A、B、C、D 四个位置的对边线之间的长度，以及 A'、B'、C'、D' 四个位置的直径。检验标准为对边线之间的长度的误差在 ± 0.07 mm 之内，直径误差在 ± 0.06 mm 之内。采用八角形可以确认全方位切割的方向性，并且具有不会因受热集中而造成切割质量恶化的优点。我们可以从对边尺寸(A、B、C、D)、圆度(A'、B'、C'、D')、切割面粗糙度和切割面倾斜度等方面来评估加工样品。为了更加简单地判断切割机加工精度，可将激光切割机维修后加工的试件作为极限样本进行保存，定期确认切割精度。

图 2-13　加工平台上试件的 5 个切割位置

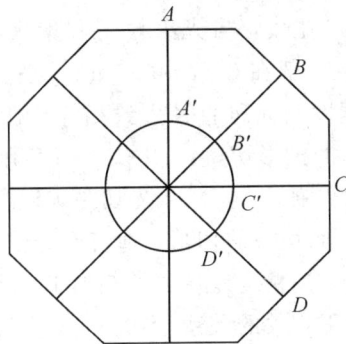

图 2-14　确认切割机性能的试件

在脉冲激光切割加工中，采用高精度的切割装置和控制技术，工件的尺寸精度可达微米量级。在连续激光切割加工中，工件尺寸精度一般在 ± 0.2 mm，高的可达 ± 0.1 mm。表 2-1 为 CO_2 脉冲激光切割 SK3 高碳钢时的尺寸偏差情况(切割参数如下：脉冲峰值功率为 450 W，脉冲脉宽比为 48%，脉冲频率为 400 Hz，切割速度为 0.5 m/min)。

表 2-1　CO_2 脉冲激光切割 SK3 高碳钢时的尺寸偏差

试样尺寸	实测的尺寸偏差	试样的尺寸分散度
79.0 mm×45.0 mm 矩形	50 μm 以下	± 10 μm 以下
Φ4.7 mm 圆孔	80 μm 以下	± 30 μm 以下

生产中，可采用游标卡尺、千分尺、卷尺、米尺等测量工具对激光切割工件的关键尺寸进行尺寸检测，以判断其尺寸精度是否合格。

2.2.3 激光切割的切口质量

激光切割的切口质量的影响要素如图 2-15 所示，主要体现在切口宽度、切割面粗糙度、切割面倾斜度、热影响区、粘渣、缺口和炭化等几个方面。

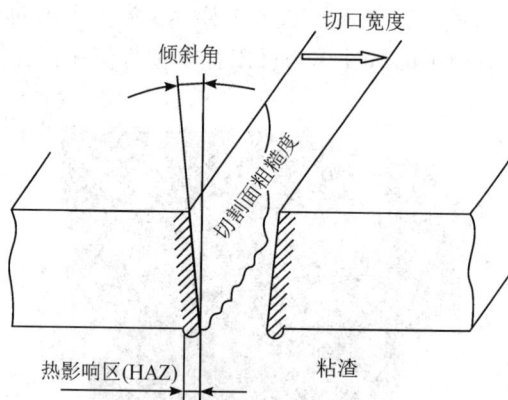

图 2-15 激光切割的切口质量的影响要素

1. 切口宽度

1）金属材料的切口宽度

激光切割金属材料时的切口宽度，与光束模式和聚焦后的光斑直径有很大的关系。CO_2 激光光束聚焦后的光斑直径一般在 $0.15 \sim 0.3$ mm 之间。激光切割低碳钢板时，焦点一般设在工件上表面，其切口宽度与光斑直径大致相等。随着被切割板材厚度的增加，切割速度下降，就会形成上宽下窄的楔形切口，如图 2-15 所示，且上部的切口宽度也往往大于光斑直径。一般来说，在正常切割时，CO_2 激光切割碳钢时的切口宽度为 $0.2 \sim 0.3$ mm。

脉冲激光切割可获得宽度窄而均一的切口、垂直而光洁的切割面，但切割速度远远低于连续激光切割，主要用于精细、高精度零件的切割加工和打孔。脉冲切割低碳钢时，激光平均输出功率 P_a 与切口宽度呈正相关的关系。图 2-16 是在激光脉冲频率为300 Hz、聚焦镜焦距为 92.5 mm、离焦量为 0、切割速度为 0.3 m/min 的条件下，切割板厚为 2.3 mm

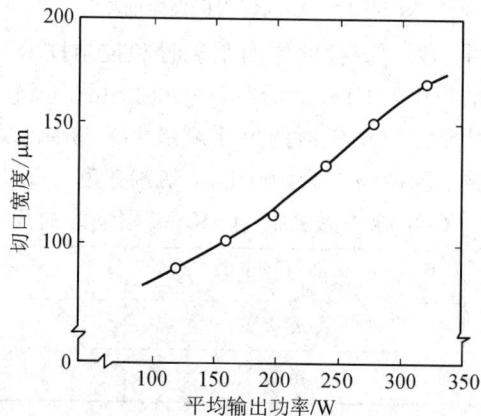

图 2-16 激光平均输出功率 P_a 与切口宽度的关系

的低碳钢时，激光平均输出功率 P_a 与切口宽度的关系曲线。由该图可见，随着激光平均输出功率 P_a 的增大，切口宽度也增大。因此，脉冲激光切割时选择的平均输出功率要恰当，若 P_a 选得过大，切口宽度也会过大，从而会影响切割质量。

2）切口宽度的检测

实际生产中，工件切口宽度的检测方法很多，常用的有直接测量法和间接测定法。直接测量法是指采用读数显微镜或游标卡尺等测量工具对激光切口宽度直接进行测量的方法。下面以读数显微镜为例，介绍其检测过程。

图 2-17 为读数显微镜及目镜视场。检测切口宽度的步骤如下：将试件平置于显微镜镜筒座下，调整切缝到视场中央，接着调整视场十字线的横线，使其与切缝垂直；再调整十字线纵线，使其与切口边缘线左端线重合，得到读数 a_1；然后移动十字线纵线，使其与切口边缘线右端线重合，得到读数 a_2，两个读数的差值 (a_2-a_1) 即为切口宽度。

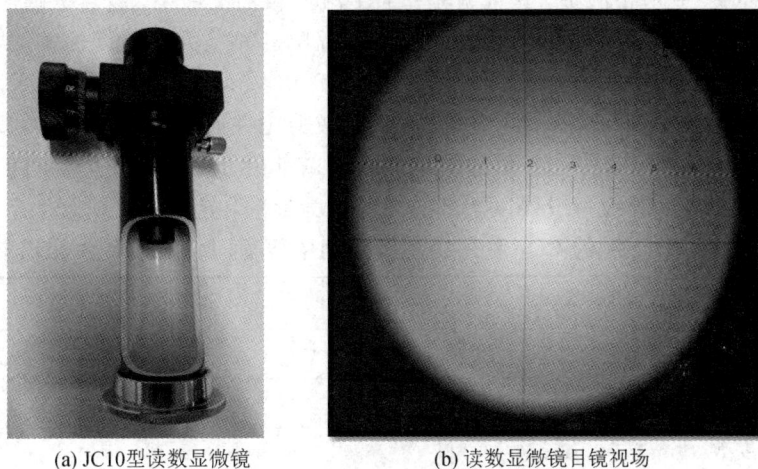

(a) JC10型读数显微镜　　　　　　(b) 读数显微镜目镜视场

图 2-17　读数显微镜及目镜视场

间接测定法的检测过程非常简单，它借助一系列不同厚度值的标板，在检测时，可分别向切缝插入标板进行匹配，由标板的厚度来判断切口宽度。

在激光切割工件切口宽度的检测中，这两种检测方法都非常实用。直接测量法测量结果较准确，方便进行定量检测，不足之处是其检测过程较为烦琐，检测速度慢，时间长。间接测定法的检测过程简单，检测速度快，效率高，方便进行定性检测。

例如，激光切割某金属零件，要求切口宽度不大于 0.3 mm，需要检测判定零件达标与否。可采用以下两种方法：① 采用直接测量法，用读数显微镜直接测出切口宽度 a，然后与 0.3 mm 比较，若 $a \leqslant 0.3$ mm，则判定达标；否则不达标。② 采用间接测定法，如果有 0.3 mm 厚的标板，可用此标板尝试插入切缝，若不能插入，则判定达标；否则不达标。

2. 切割面粗糙度

粗糙度是指加工表面具有的较小间距和微小峰谷的不平度，其值一般较小，属于微观几何形状误差。表面粗糙度越小，表面越光滑。切割面粗糙度是评价激光切割切口质量的关键要素，其数值大小是衡量激光切割质量好坏的关键指标。据国内外综合报道，用 CO_2 连续激光器进行切割，被切割工件的表面粗糙度最好的能达 0.8 μm，最差的甚至大于

2 mm。

1）切割面粗糙度的影响因素

研究显示，切割面粗糙度主要受下列四个方面的影响：① 被切割工件的厚度；② 激光系统的固有参数(如光束模式、透镜焦点距离等)；③ 激光切割工艺参数(如激光功率、切割速度、辅助气体压力等)；④ 被切割工件的材料特性(如材料熔点、熔融金属氧化物黏度系数、金属氧化表面张力及材料对激光的吸收率等物性参数)。下面将从被切割工件的厚度、透镜焦点距离、激光功率、切割速度以及辅助气体压力等几个方面展开叙述。

（1）被切割工件的厚度。被切割工件的厚度对切割面粗糙度的影响很大，通常厚度小的金属工件比厚度大的金属工件更容易得到较高等级的粗糙度。在切割厚度较大的金属工件时，同一切口表面的上、中、下三个部分的粗糙度并不相同，为便于区分，我们将切割面上面(或上部)的粗糙度记为 R_u，切割面下面(或下部)的粗糙度记为 R_d，切割面中间部分的粗糙度记为 R_m。一般情况下，靠近激光光束上端的粗糙度最小，越往下端，粗糙度越大。表 2-2 为 3 kW 的 CO_2 激光切割低碳钢中厚板时切割面最大粗糙度的实测数据(切割参数：激光功率为 3 kW，辅助气体 O_2 的气压为 0.37～0.47 MPa，离焦量为 +0.5 mm)，从中可以看出切割面粗糙度随板厚的不同而有差异。对较薄工件而言，如果板材厚度 $H \leqslant 3$ mm，那么此时激光切割面的上、中、下部的粗糙度差别就非常小。对于较厚板材的切割质量评定，激光切割面粗糙度等级一般要以下部的粗糙度为标准，这样较为切合生产实际。

表 2-2 3 kW 的 CO_2 激光切割低碳钢中厚板时切割面最大粗糙度

板厚/mm	9	12	16	19
上部粗糙度 R_u/μm	11.0	12.88	17.32	25.96
中间粗糙度 R_m/μm	11.72	19.48	20.72	29.64
下部粗糙度 R_d/μm	17.76	25.56	42.16	54.16
平均值/μm	12.49	22.97	27.07	35.58

研究发现，切割面粗糙度与板厚的平方近似呈正比，而且在切割面下面这种倾向更为明显。图 2-18 为采用单光束模式脉冲切割不同厚度的低碳钢时，切割面最大粗糙度与板

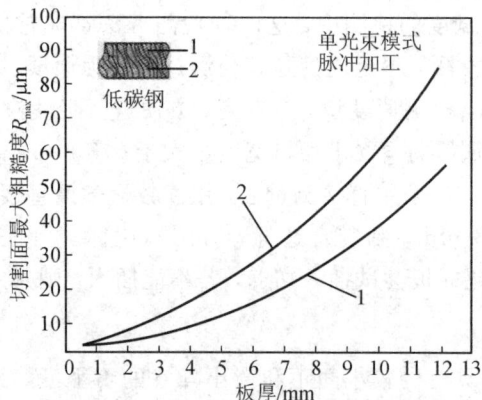

1—上部粗糙度 R_u；2—下部粗糙度 R_d。

图 2-18 切割面粗糙度与板厚关系图

厚关系的变化曲线。可以看出，当板厚在 2 mm 以下时，上部粗糙度 R_u 和下部粗糙度 R_d 的差别小，可得到的最大粗糙度 R_{max} 为 10 μm 左右。当板厚在 2～3 mm 以上时，切割面粗糙度随板厚增加明显增大，而且下部粗糙度 R_d 增大得更为显著。

有文献认为，在用 1 kW 的激光功率切割低碳钢的场合，当激光功率密度 $P_0 \geqslant 3 \times 10^6$ W/cm^2 时，切割面粗糙度 Rz 可用下式估算：

$$Rz \approx (3 \sim 5)t \quad (\mu m)$$

式中：t 为板厚(mm)，Rz 为切割面粗糙度(μm)。

(2) 透镜焦点距离。透镜焦点距离对激光切割面粗糙度也有一定的影响。图 2-19 表示的是采用输出功率为 500 W、比例为 50%、频率为 150 Hz、加工速度为 0.3 m/min、焦点位置为 ±0 mm 的激光切割 6 mm 厚的 SS400(日本牌号，约相当于国内 Q235)钢板时，加工透镜的焦点距离与切割面最大粗糙度的关系曲线。可以看出，随加工透镜焦点距离的增大，切割面中间部分的 R_m 变化很小；但上部的 R_u 和下部的 R_d 变化较大，R_u 和 R_d 会随着聚光性高的短焦点透镜而改善其切割面粗糙度。但是需要注意的是，随着板厚的增加，短焦点透镜上会出现粘渣现象；镜头过于接近被加工物也容易受到污染。因此在生产中，应根据工艺选择焦点距离合适的加工透镜。

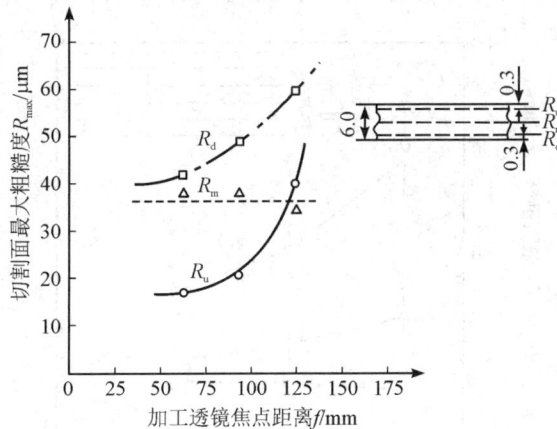

图 2-19　切割面粗糙度与透镜焦点距离的关系图

(3) 激光功率。激光功率对切割面粗糙度也有着较大的影响，尤其是激光脉冲切割钢材时，脉冲峰值功率对切割面粗糙度有明显影响。图 2-20 为激光切割低碳钢时，在脉冲频率为 200 Hz、切割速度为 0.3 m/min 的情况下，峰值功率与切割面平均粗糙度的关系曲线。图中数据是 10 个测量点的平均值。可以看出，随着峰值功率的增大，切割面平均粗糙度降低。但当峰值功率大于某一临界值后，切割面平均粗糙度不再降低，且同样是切割面上部的粗糙度较小，下部的粗糙度较大。

(4) 激光切割速度。激光切割速度对切割面粗糙度也有着重要影响。图 2-21 表示的是采用辅助气体压力为 0.07 MPa、透镜焦点距离为 190.5 mm、焦点位置为 +1.5 mm 的激光切割 12 mm 厚的 SS400 钢板时，切割速度和切割面最大粗糙度之间的关系。可以看出，切割速度过低时，就会出现与切割面相对输入热量过多的情况，并且因为铁燃烧速度和切

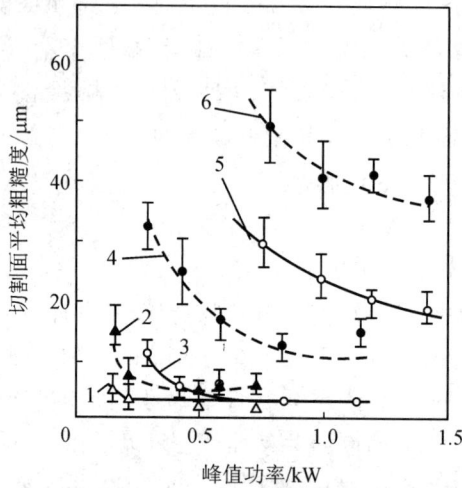

1—板厚t=1.2 mm，P_a=100 W，R_u；   2—板厚t=1.2 mm，P_a=100 W，R_d；
3—板厚t=3.2 mm，P_a=250 W，R_u；   4—板厚t=3.2 mm，P_a=250 W，R_d；
5—板厚t=6.0 mm，P_a=550 W，R_u；   6—板厚t=6.0 mm，P_a=550 W，R_d；
R_u—离钢板表面0.3mm处上面的粗糙度；R_d—离钢板底面0.3 mm处下面的粗糙度

图 2-20　峰值功率与切割面粗糙度的关系图

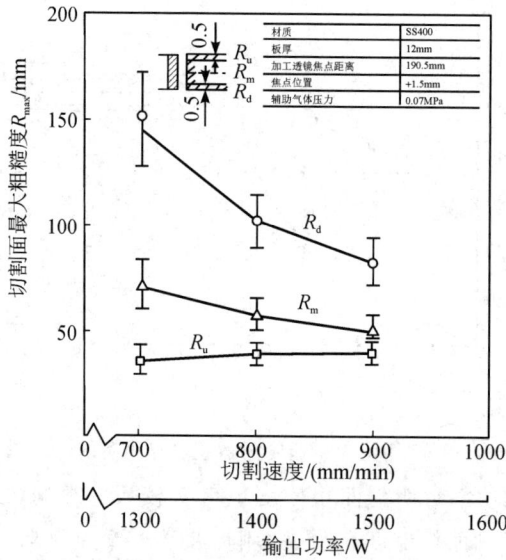

图 2-21　切割速度和切割面粗糙度的关系

割速度之间的相互关系，造成切割面粗糙度恶化。加工板件越厚，切割面越粗糙，其原因就是切割速度过低。因此，为降低切割面粗糙度，提高切割面质量，需要尽量提高切割速度。

（5）辅助气体的种类和压力。辅助气体的种类和压力对切割面粗糙度有较大影响。一般来说，切割低碳钢都采用氧气作辅助气体，以利用铁氧燃烧反应热促进切割过程。辅助气体的压力对切割面粗糙度和切割质量有明显影响。适当增大气体压力，由于气流动量增大，排渣能力提高，可使无粘渣的切割速度增加。但压力过大，切割面粗糙度会上升。氧气压力对切割面平均粗糙度的影响如图 2-22 所示。

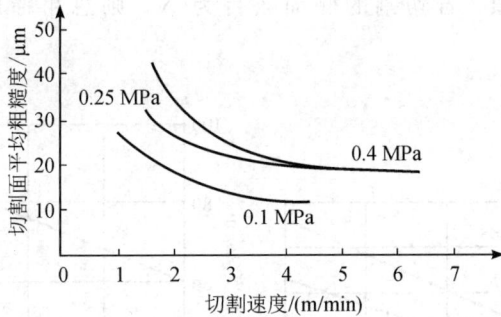

图 2-22　氧气压力对切割面平均粗糙度的影响

通常，工件厚度小于 3 mm 时，氧气压力可相应高些，取 0.3 MPa 或更高。当工件厚度大于 5 mm 时，压力宜适当降低到 0.1～0.15 MPa。切割碳素钢和不锈钢成形零件时，为获得最佳切割效果，氧气纯度宜为 99.8%～99.9%。

综上所述，切割面粗糙度是评估激光切割质量的重要因素，激光加工中影响切割面粗糙度的因素非常多，在实际生产中，应根据具体情况，选取合适工艺参数，以使被切割的工件获得一个合适的粗糙度。

2）切割面粗糙度的分级与评定

前已述及，关于激光切割质量的评定方法或标准，目前国内、国外，包括各个公司均不一致，至于切割面粗糙度的分级与评定，也同样如此。因此本节内容将根据参考资料或已有标准，介绍两种切割面粗糙度的等级评定规则。

(1) 依据 GB/Z 18462—2001《激光加工机械　金属切割的性能规范与标准检查程序》，切割面的粗糙度与垂直度的等级可分为四个级别，如表 2-3 所示。通过将粗糙度的测量值与图 2-23 所示的各级分类区域的粗糙度进行比较来分级。目前，激光切割金属的厚度一般不会超过 40 mm，图 2-23 给出的厚度在 40 mm 以上的数值仅供参考。

表 2-3　切割面的垂直度与粗糙度的分级

级别	说　明
0	严格的，精确的(stringent)
I	居中的，中等的(intermediate)
II	适度的，一般的(moderate)
N	不分级的(not classified)

标准规定：① 每次粗糙度的测量都应该在 15 mm 的切割长度上进行，某一切割精度等级所允许的 Rz 是切割材料厚度 t 的函数。② 测量点的数目与位置取决于加工工件的形状和尺寸，有时还与其预期用途有关。③ 关于测量面的数目，对于 0 级或 I 级的精度等级，必须测量所有的面；对于 II 级的精度等级，必须测量不少于一半的切割面。④ 为确定总粗糙度精度 Qz，要求在每个切割面上测量一次 Rz。⑤ 关于测量位置，对于厚度 2 mm 以下的被切割工件，应该在其中点测量粗糙度。当切割厚度大于 2 mm 时，应该在工件厚度的三分之二处，从其上部表面测量粗糙度。⑥ 对于任一侧面，粗糙度 Rz 的测量值取平均得

到该侧面的粗糙度 Rs 值，若切割的侧面数目为 N，则总粗糙度精度 Qz 为 $Qz = \sum (Rs)/N$。

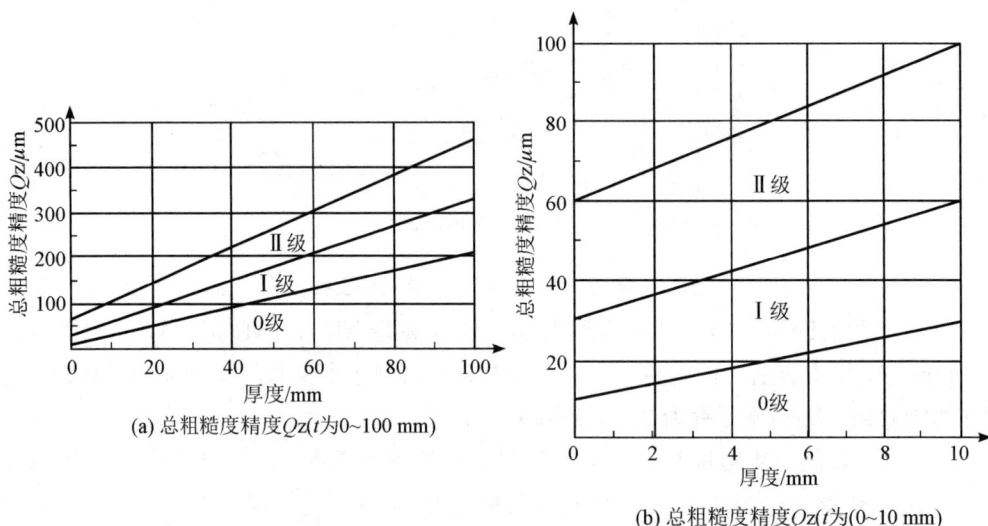

(a) 总粗糙度精度 Qz(t 为 0~100 mm)

(b) 总粗糙度精度 Qz(t 为 0~10 mm)

图 2-23 总粗糙度精度 Qz 随板厚分级区域图

当然也可以用代数表达式给出切割每一级别的总粗糙度精度 Qz 的取值范围，如表 2-4 所示。在生产检测中，无论是利用 Qz 的分级图还是代数表达式给出的 Qz 取值范围，都可以判定零件的粗糙度精度等级。下面将通过一个具体案例来展示怎么判定一个激光加工零件其切割面粗糙度的精度等级。

表 2-4 总粗糙度精度 Qz 的代数表达式

级别	总粗糙度精度 $Qz/\mu m$	说明
0	$\leqslant 10 + 0.002t$	精确级
I	$\leqslant 30 + 0.003t$	中等级
II	$\leqslant 60 + 0.004t$	一般级
N	$> 10 + 0.004t$	不分级

注：t 是加工工件的厚度，单位用表中规定的单位。

例如，激光切割一个矩形零件，其板厚为 8 mm，该板四个面的切割面粗糙度的平均测量值为 21 μm、17 μm、19 μm、20 μm，试判定该零件的切割面粗糙度精度等级。

此时可计算总粗糙度精度 $Qz = (21+17+19+20)/4 = 19.25$ μm，而 0 级粗糙度的极限值为 $0+0.002t = 10+0.002 \times 8000 = 26$ μm，因 19.25 μm < 26 μm，故可判定该零件的切割面粗糙度精度等级为 0 级。

(2) 根据激光切割面粗糙度的不同量级和激光切割面质量的等级分类。采用 ELG-2500 轴流 CO_2 激光器，辅助气体 O_2 的纯度为 99.9%，对不同厚度的 Q235 钢板做切割试验。在切割同一厚度的 Q235 钢板时，对影响切割面质量的激光工艺参数进行不断调整，直至获得最佳切割面质量的优化参数。用 JG-1(J)型显微镜，对激光切割表面进行观察和照相，对大量试样的切口照片进行分析，并根据分析结果，将激光切割面粗糙度按不同量级分成 A、B、C、D 4 个等级，如图 2-24 所示。

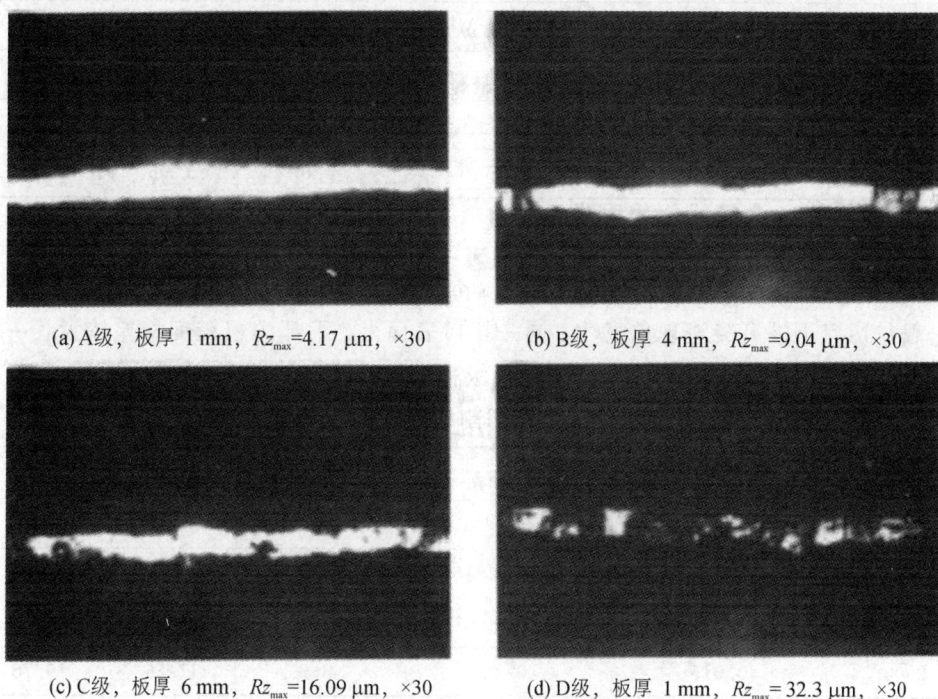

(a) A级，板厚 1 mm，Rz_{max}=4.17 μm，×30　　　(b) B级，板厚 4 mm，Rz_{max}=9.04 μm，×30

(c) C级，板厚 6 mm，Rz_{max}=16.09 μm，×30　　　(d) D级，板厚 1 mm，Rz_{max}=32.3 μm，×30

图 2-24　激光切割 Q235 钢时不同切割面粗糙度等级的切口照片

① A 级。

A 级切口表面特征：切割面粗糙度 $Rz \leqslant 6.3$ μm，表面有微细熔化痕迹或几乎看不见微细熔化痕迹。A 级基本反映了在物性参数、材料厚度一定的条件下，优化激光切割参数后所能达到的最好切割表面。Q235 钢激光切割切口表面质量 A 级实例的具体工艺参数及切割面粗糙度见表 2-5。

表 2-5　Q235 钢激光切割切口表面质量 A 级实例

激光切割参数				切割面粗糙度 $Rz/\mu m$	
功率/W	速度/(m·s⁻¹)	辅助气压/MPa	厚度/mm	上部	下部
300	0.050	0.30	1.50	4.00	4.17
300	0.030	0.35	2.00	4.16	5.04
800	0.025	0.25	3.00	4.89	6.28

② B 级。

B 级切口表面特征：切割面粗糙度 $6.3\ \mu m < Rz \leqslant 10\ \mu m$，表面可见细丝状痕迹，细丝分辨不太清楚。切口可能为 B 级的原因有两个：一是在激光优化参数条件下，由该材料本身的特性决定所能达到的最好等级；二是当材料特性一定时，通过优化激光参数可以达到 A 级，但由于参数优化得不够好而产生了 B 级精度。B 级精度的具体实例见表 2-6。

表 2-6　Q235 钢激光切割切口表面质量 B 级实例

激光切割参数				表面粗糙度 $Rz/\mu m$	
功率/W	速度/(m·s⁻¹)	辅助气压/MPa	厚度/mm	上部	下部
1000	0.020	0.35	3.0	5.23	7.52
1200	0.025	0.25	4.0	6.45	9.04
1500	0.020	0.25	6.0	6.59	9.58

③ C 级。

C 级切口表面特征:切口表面粗糙度 $10\ \mu m<Rz\leqslant20\ \mu m$,表面熔化痕迹清晰可见,切割时一般在切口下端有凝渣现象发生。同一切口表面上、下部的粗糙度相差较大,一般可达 2~17 μm,产生原因同 B 级基本相似。C 级精度的具体实例见表 2-7。

表 2-7　Q235 钢激光切割切口表面质量 C 级实例

激光切割参数				表面粗糙度 $Rz/\mu m$	
功率/W	速度/(m·s⁻¹)	辅助气压/MPa	厚度/mm	上部	下部
1400	0.020	0.35	5.0	9.27	16.04
1500	0.025	0.40	6.0	9.98	16.09
2500	0.015	0.45	8.0	11.56	19.78

④ D 级。

D 级切口表面特征:切口表面粗糙度 $Rz>20\ \mu m$,表面上端的细丝状痕迹清晰可见,下端丝状痕迹向一个方向弯曲,有时还出现较宽"沟状缺口",使切割面产生中断,切割时下端产生较为严重的拉渣。产生这种情况的原因可能与激光切割参数有关,但主要原因可能还是与厚度及材料杂质有关,一般切割中都不应该允许这种情况出现。D 级精度的具体实例见表 2-8。

表 2-8　Q235 钢激光切割切口表面质量 D 级实例

激光切割参数				表面粗糙度 $Rz/\mu m$	
功率/W	速度/(m·s⁻¹)	辅助气压/MPa	厚度/mm	上部	下部
1200	0.020	0.45	5.0	12.42	25.15
1100	0.030	0.45	6.0	14.77	32.34
2500	0.250	0.40	10.0	15.39	40.36

3. 切割面倾斜度

切割面倾斜度,也称为倾斜角、垂直度、坡度等,这些名词所表达的概念或物理含义基本相同。依据 GB/Z 18462—2001《激光加工机械　金属切割的性能规范与标准检查程序》,切割面的倾斜度(或垂直度)u 定义为预期切割后的表面与实际切割后的表面之间的最大垂直距离(mm),它是能够进行测量的,如图 2-25(a)所示。另外,坡度(Taper)可定义为切

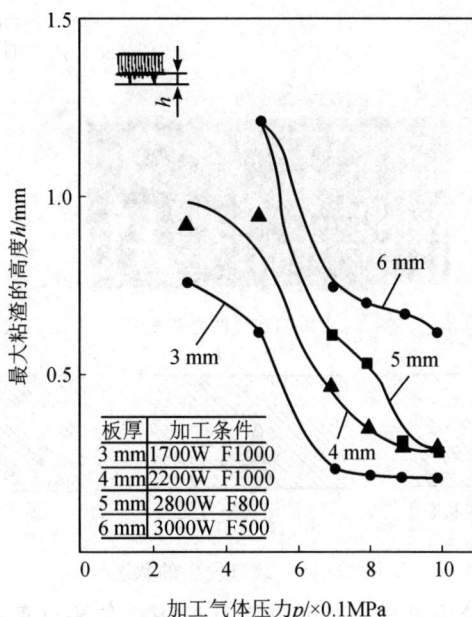

图 2-46　切割铝材时加工气体压力和粘渣高度的关系（注：加工透镜焦点距离为 7.5 in （190.5 mm），喷嘴孔径为 2 mm，材质为 A5052（背面贴保护膜））

6．缺口

激光在切割厚板的过程中，有时切割面的一部分会大量凹入出现划伤，称之为缺口，如图 2-47 所示。值得注意的是，缺口一般只出现在厚板切割中，在薄板切割时，基本不会发生缺口现象。

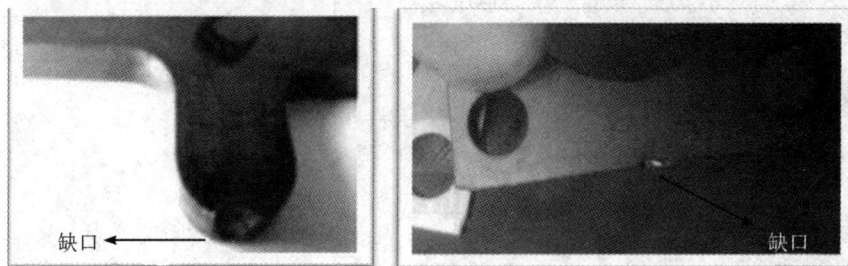

图 2-47　缺口

缺口表现出来的特征是，在切割面的一部分出现较大的凹陷。按其发生的形态，缺口可分为三种类型，分别为缺口在表面上发生、缺口在板件内部发生和缺口连续，如图 2-48 所示。

一般认为产生缺口的原因是熔化金属的能量瞬间不足。而能量不足的原因，则主要有以下几种情况：① 被加工工件表面状态不均匀，引起光束吸收混乱，此时缺口就在表面上发生；② 加工机器出现故障或其他情况，导致输出功率在切割过程中有变化，此时缺口就在板件内部发生；③ 加工所用气体的纯度下降，此时缺口就以连续状态出现。

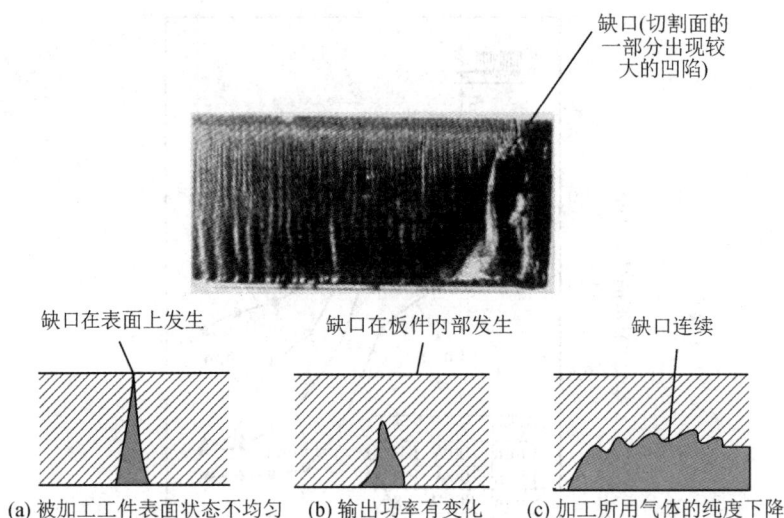

缺口(切割面的一部分出现较大的凹陷)

缺口在表面上发生	缺口在板件内部发生	缺口连续
(a) 被加工工件表面状态不均匀	(b) 输出功率有变化	(c) 加工所用气体的纯度下降

图 2-48 缺口发生的状态

缺口出现后，其检测较为简单，如可以用目视法检测缺口存在与否及其存在的形态，也可以用测量工具(如螺旋测微仪、游标卡尺等器具)检测缺口的长度与高度等。

7. 炭化

激光在加工某些有机材料(如塑料、木材)时，加工断面或边缘的一些部位会出现干馏、焦化，从而显现出发黄、发黑的现象，称之为"炭化"，如图 2-49 所示。值得关注的是，在有机材料(如部分塑料、皮革、竹木等)的加工中，无论厚板还是薄板，都可能会出现炭化现象。板越厚，炭化现象越明显。炭化的典型特征是在加工部位出现焦黄、发黑的现象。

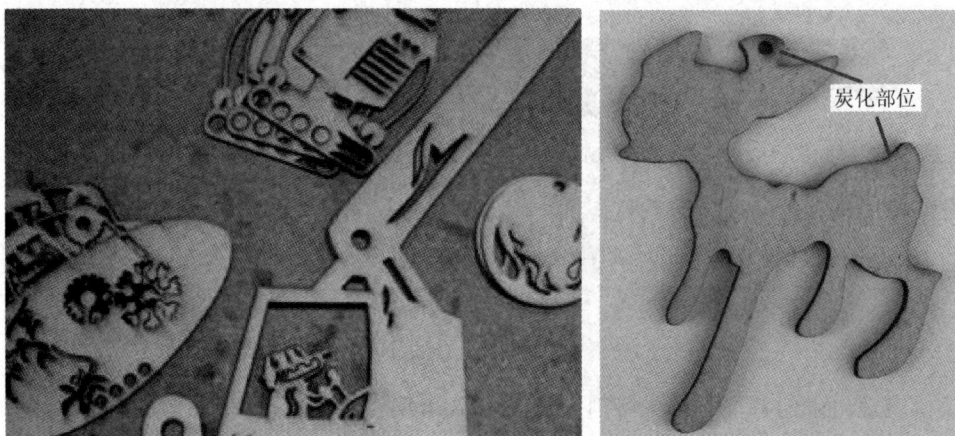

炭化部位

图 2-49 炭化

炭化现象对被加工工件很不利，首先是其外观发黄、发黑，美观度不好，需要安排二次加工或后续处理。其次是有可能会损害制件的性能，如塑料用作电气绝缘材料时，炭化会损害绝缘性能，所以激光切割受到限制。下列的材料容易炭化：① 塑料类。如苯酚树脂(酚醛塑料)、环氧树脂、聚碳酸酯、纤维增强塑料(Fiber Reinforced Plastics，FRP)等。② 木材。木材的种类不同，炭化的程度也不同，例如桧木炭化比较少，而柳桉木炭化就比较多。

　　炭化产生的原因一般认为是激光光束在照射被切割材料时，由于激光功率密度不够高，难以将材料瞬间汽化，但又超过了材料的燃点，在加工面产生燃烧过程，从而在材料周边形成焦化现象。

　　炭化总体受三个方面的因素影响，分别是激光光束特性、材料特性和激光设备加工工艺变量。为简化起见，下面仅从以下三个主要因素进行叙述。① 激光功率密度及切割速度。研究显示，激光功率密度越高，材料的熔化及汽化速度越快，切割时间随之缩短，此时适当提高切割速度，切缝处材料暴露在激光照射下的时间越短，切割时炭化程度就越低。② 木材特性，主要包括容积重、板厚、含水率、纤维方向等特性。一般认为，容积重越高、板厚越大，越容易产生炭化现象；含水率提高，当切割功率足够高时，有利于降低切割面的炭化；而纤维方向的影响是当做端面切割时，导管端部炭化程度会加剧。③ 辅助气体特性，主要包括气体种类、气体压力及气流方向等。一般认为，惰性气体在气压适当增大、气流稍背向工件吹气时，被切割工件的炭化程度会降低。

　　由于炭化对工件不利，因此在生产中需要对炭化进行预防或采取相应防护措施。常用的防护方法有以下几种：① 在惰性气体保护环境下切割。② 在切割面粘贴保护膜或胶带。③ 在拐角处减小激光切割功率，或进行多次切割。④ 从反面切割，工件的正面效果会比较好。⑤ 不做厚板切割，且先切内再切外。

　　激光切割加工中，一旦工件出现了炭化现象，如果炭化不是特别严重，可以采取一定的后处理方法来消除炭化现象。常用的后处理方法有：① 用砂纸对炭化部位进行打磨。② 用刷子加浮石液体肥皂或浮石粉刷洗炭化部位。这两种办法都可以减轻甚至消除炭化的影响。

2.2.4　三维激光切割质量的评定

　　由于我国目前尚无统一的激光切割质量评定标准，本书依据参考资料认为从以下几个参数来评定三维激光切割质量较为合理。各参数如图 2-50 所示，即主要可从挂渣、切缝宽度、切割面粗糙度、波纹及热影响层等方面来进行评定。

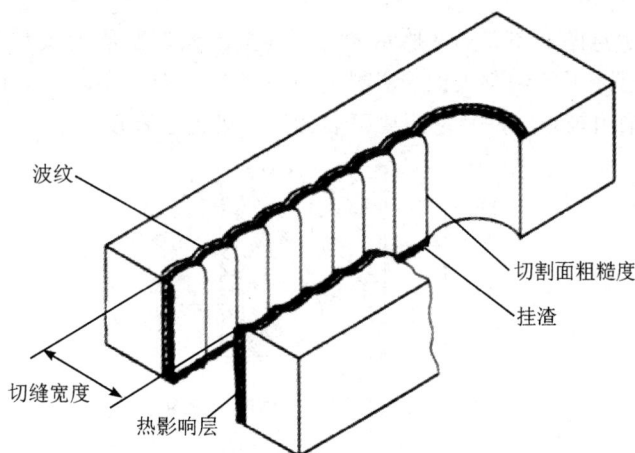

图 2-50　三维激光切割质量评定参数示意图

1. 挂渣

挂渣主要是指激光切割后，附着在切割面下方的毛刺。形状较大的毛刺肉眼可以观察到，小的毛刺则须用显微镜放大后才能观察到。有的毛刺具有很强的附着性，需要用其他工具进一步处理才能清除；有的毛刺附着性很差，不需要进一步处理就很容易去除。挂渣主要有以下几种形态：

（1）串珠状毛刺。这种毛刺呈现柱状或水滴状，具有光亮的金属表面，附着性较高，需要进一步处理。

（2）碎土状毛刺。这种毛刺是附着在切割面上的金属熔化物，呈现碎土状，附着性较差，不需要进一步处理。

（3）锋利毛刺。这种毛刺呈现鼠须状，边缘锋利，部分附着性强，部分用手触摸即可除去。

2. 切缝宽度

切缝宽度如图 2-51 所示，它是衡量激光切割质量的一个重要参数，同时也会影响切割的精度。激光切割的切缝宽度比较窄，一般为 0.1~1 mm。

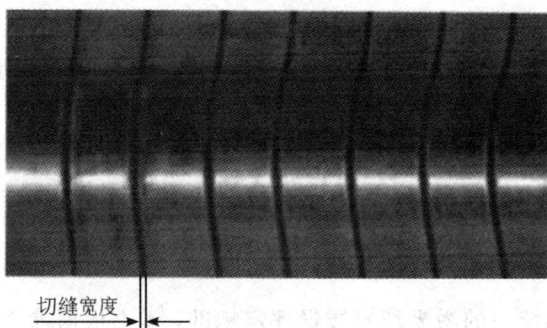

图 2-51　切缝宽度

3. 切割面粗糙度

切割面粗糙度示意图如图 2-52 所示，它是衡量激光切割质量最重要的一个参数。优良的切割质量应具有光滑的切割表面。切割面粗糙度的分布并不均匀，其测量位置也没有统一的标准，目前采用较多的是测量距离下表面 1/3 处的粗糙度。

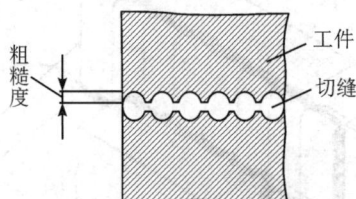

图 2-52　切割面粗糙度示意图

4. 波纹

激光切割时，切割面上呈现周期性的波纹，如图 2-53 所示。波纹是介于加工精度和表面粗糙度两者之间的几何形状特征，它的出现严重影响了激光切割的质量。

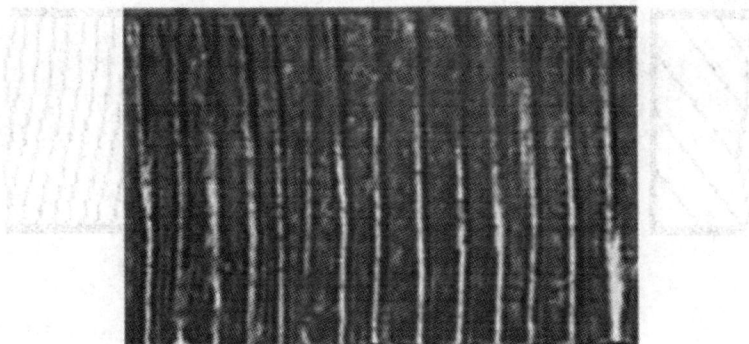

图 2-53　波纹

5. 热影响层

在激光切割材料的过程中，激光能量熔化切口材料的同时，激光还会向切缝附近的材料传导热量，因此沿切口的边缘处存在一个热影响层，如图 2-54 所示。热影响层的材料虽然没有被熔化，但是由于也吸收了激光的热量，因此性能也会有所改变，一般以热影响层的深度来评定激光切割的质量。

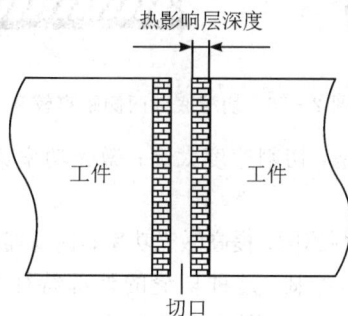

图 2-54　热影响层

2.3　激光切割常见缺陷形式与实例

2.3.1　碳钢切割常见缺陷形式

激光切割碳钢材料（如碳钢板材）时，在各切割条件正常的情况下，其切口形态应该是良好的，无粘渣或毛刺等缺陷，如图 2-55 所示。

但在实际切割加工过程中，因机器操作不当、切割对象自身表面状态不佳、切割工艺参数设置不当等，可能会出现以下 12 种问题或情况，可参照问题出现的原因进行相应调整和排除。

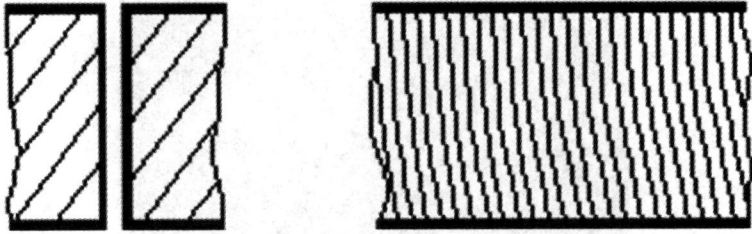

图 2-55 切割条件正常的切口形态

（1）切缝底部两侧距离较宽。这种切缝的外观特征是切痕方向在底部出现偏离，切缝底部两侧距离较宽，如图 2-56 所示。

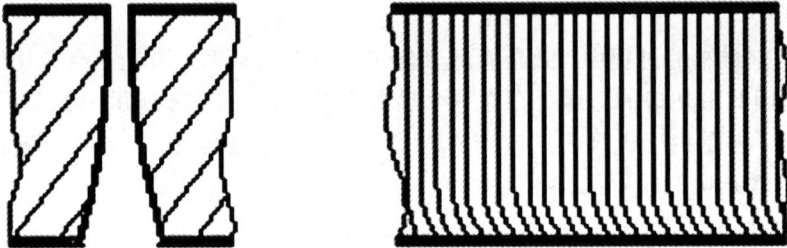

图 2-56 切缝底部两侧距离较宽

这种情况产生的原因可能是：切割速度太高；激光功率偏低；辅助气体压力偏低；焦点位置偏高等。

对应的解决方法是：降低切割速度；提高激光功率；提高辅助气体压力；降低焦点位置等。

（2）切缝底部两侧有水珠形毛刺。这种切缝的外部特征是切缝底部两侧有类似熔渣的毛刺，呈水珠形状，但是容易去除，如图 2-57 所示。

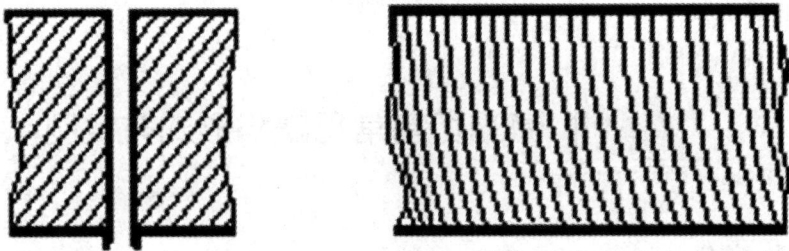

图 2-57 切缝底部有毛刺

这种情况产生的原因可能是：切割速度过快；辅助气体压力偏低；焦点位置偏高等。

对应的解决方法是：调整切割速度；提高辅助气体压力；降低焦点位置等。

（3）切缝底部两侧熔渣黏结。这种切缝的外部特征是切缝底部两侧的熔渣黏结在一起，但是这种熔渣可以作为一个整体被除去，如图 2-58 所示。

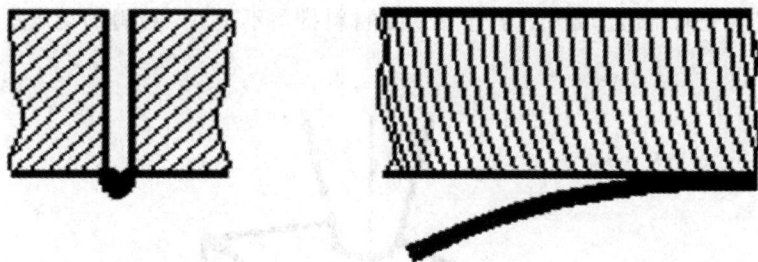

图 2-58　切缝底部熔渣黏结

这种情况产生的原因可能是焦点位置偏高,其解决方法是降低焦点位置即可。

(4)切缝底部两侧有难清除的熔渣。这种切缝的外部特征是切缝底部两侧都有熔渣,而且很难清除,如图 2-59 所示。

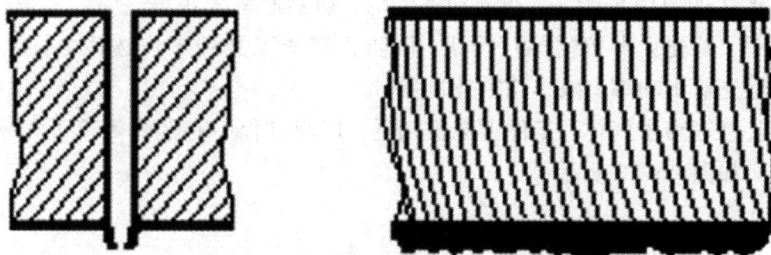

图 2-59　切缝底部两侧有难清除的熔渣

这种情况产生的原因可能是:切割速度太高;辅助气体压力偏低;焦点位置偏高;辅助气体内有杂质且纯度不高等。

对应的解决方法是:降低切割速度;提高辅助气体压力;调整焦点位置;使用纯度更高的辅助气体等。

(5)切缝底部一侧有毛刺。这种切缝的外部特征是仅在切缝底部的一侧有毛刺,另一侧无毛刺,如图 2-60 所示。

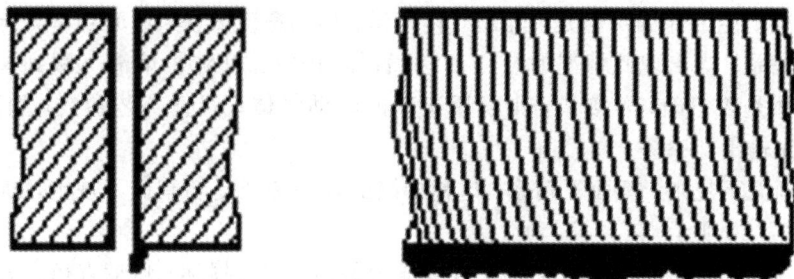

图 2-60　切缝底部一侧有毛刺

这种情况产生的原因可能是:喷嘴中心位置不好;喷嘴孔不圆等。

对应的解决方法是：调整喷嘴中心位置；更换喷嘴等。

（6）切屑从上面排出。切割过程中被切割材料排屑不正常，材料的切屑从上面排出，如图2-61所示。

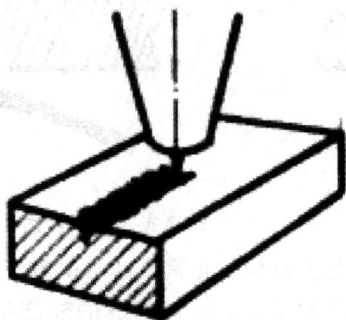

图2-61　切屑从上面排出

这种情况产生的原因可能是：激光功率太低；切割速率太快等。

解决方法是：首先立即按"暂停"按钮，以防止熔渣飞溅到聚焦透镜上，然后调整工艺参数，如增加激光输出功率，减小切割速度等。

（7）产生蓝色等离子气体，工件不能被切透。切割过程中有蓝色等离子气体产生，且工件不能被切透，如图2-62所示。

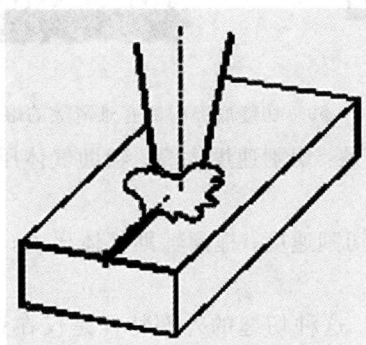

图2-62　产生蓝色等离子气体

这种情况产生的原因可能是：辅助气体接错；切割速度太快；激光功率太低等。

解决方法是：当出现此情况时应立即按"暂停"按钮，以防止熔渣飞溅到聚焦透镜上；检查辅助气体是否正确，若接错，则换用正确的辅助气体；调整工艺参数，如降低切割速度，提高激光输出功率等。

（8）切割面不规则、断面不精密。这种切缝的外部特征是切割面不规则，断面粗糙、不精密，如图2-63所示。

这种情况产生的原因可能是：辅助气体压力偏高；喷嘴损坏；喷嘴直径太大；材料表面状态不好等。

对应的解决方法是：减小辅助气体压力；更换喷嘴；更换直径大小合适的喷嘴；对材料表面进行处理，或使用表面平滑均匀的材料等。

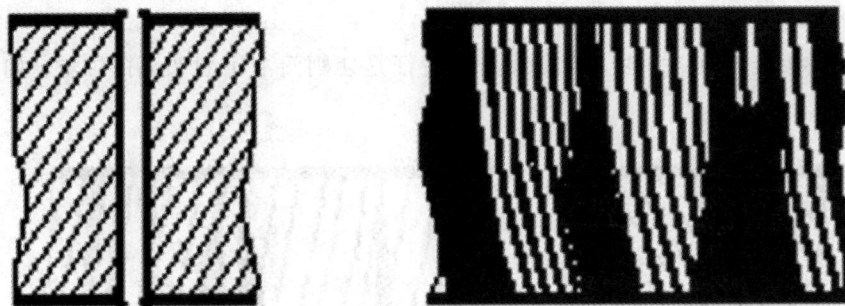

图 2-63　切割面不规则、断面不精密

（9）切缝底部窄，切痕向后倾斜。这种切缝的外部特征是切缝底部无毛刺，但切痕向后倾斜，切缝底部窄，如图 2-64 所示。

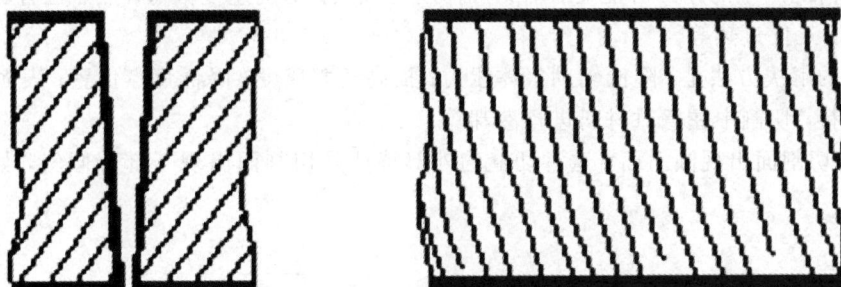

图 2-64　切缝底部窄、切痕向后倾斜

这种情况产生的原因可能是切割速度太快，其解决方法是降低切割速度即可。

（10）切割面粗糙。这种切缝的主要表现特征为切割面十分粗糙，切割质量很差，如图 2-65 所示。

图 2-65　切割面粗糙

这种情况产生的原因可能是：焦点位置不合适；辅助气体压力较高；切割速度太低；被切割材料过热等。

解决方法是：调整焦点位置；降低辅助气体压力；提高切割速度；对被切割材料进行冷却等。

（11）切割面上有蚀坑。这种切缝的外部特征是切割面上出现凹陷的蚀坑，如图 2-66 所示。

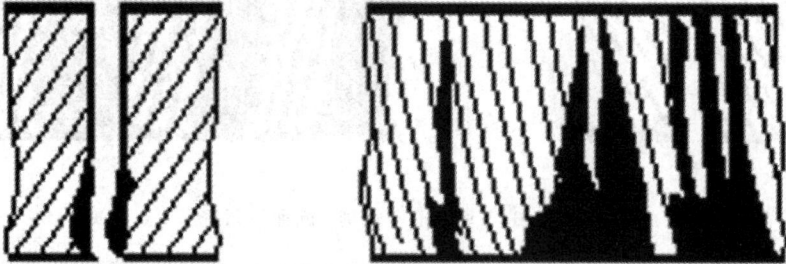

图 2-66　切割面蚀坑

这种情况产生的原因可能是：辅助气体压力太大；切割速度偏低；焦点位置较高；材料表面锈蚀；工件过热等。

对应的解决方法是：降低辅助气体压力；提高切割速度；降低焦点位置；表面除锈或使用好的材料；切割中注意对材料进行冷却等。

（12）切割面出现倾斜面。这种切缝的外部特征是切割面出现了部分倾斜，如图 2-67 所示。

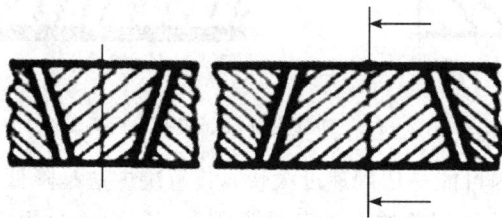

图 2-67　切割面出现倾斜面

这种情况产生的原因可能是：全反镜不合适、安装不正确或有缺陷；全反镜安装在了偏转镜的位置上。

解决方法是检查全反镜和偏转镜，对它们进行校正或更换。

2.3.2　不锈钢切割常见缺陷形式

不锈钢在实际切割加工过程中，因机器操作不当或工艺参数设置不当，可能会出现以下 10 种问题或情况，可参照问题出现的原因进行相应调整和排除。

（1）切缝底部两侧有细小、规则的毛刺。这种切缝的外部特征是切割面底部的两侧均有毛刺，而且毛刺细小、有规则，如图 2-68 所示。

这种情况产生的原因可能是：焦点位置太低；切割速度太高。

对应的解决方法是：适当提高焦点位置；降低切割速度。

图 2-68 切缝底部两侧有细小、规则毛刺

（2）切缝底部两侧有长线状的、不规则的毛刺。这种切缝的外部特征是切割面底部的两侧均有长线状的、不规则的毛刺，如图 2-69 所示。

图 2-69 切缝底部两侧有长线状、不规则毛刺

这种情况产生的原因可能是：切割速度太低；焦点位置太高；辅助气体压力太低；材料太热等。

对应的解决方法是：适当提高切割速度；降低焦点位置；提高辅助气体压力；对被切割材料进行冷却。

（3）切缝单侧有长线形状的不规则毛刺。这种切缝的外部特征是仅在切缝一侧有长线形状的不规则毛刺，如图 2-70 所示。

图 2-70 切缝单侧有长线状、不规则毛刺

这种情况产生的原因可能是：喷嘴不在中心位置；焦点位置太高；辅助气体压力太低；切割速度太低等。

对应的解决方法是：调整喷嘴位置；降低焦点位置；提高辅助气体压力；提高切割速度等。

（4）切割面边缘呈黄色。这种切缝的外部特征是切割面的边缘呈黄色。这种情况产生的原因可能是氮气不纯或含有氧气，其解决方法是更换并使用高纯度氮气。

（5）产生等离子气体，工件不能被切透。切割过程中产生了等离子气体，且工件不能被切透，如图2-71所示。

图2-71　产生等离子气体

这种情况产生的原因可能是：切割速度太快；激光功率太低；焦点位置太低等。

解决方法是：立即按"暂停"按钮，以防止熔渣飞溅到聚焦透镜上；适当调整工艺参数，如降低切割速度、提高激光切割功率、提高焦点位置等。

（6）切屑从上面排出。切割过程中材料的切屑从上面排出，且工件不能被切透，如图2-72所示。

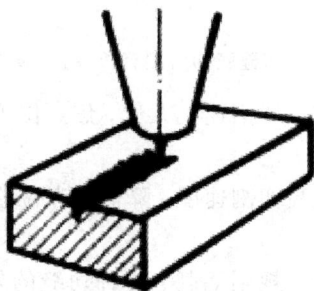

图2-72　切屑从上面排出

这种情况产生的原因可能是：激光功率太低；切割速度太快；辅助气体压力太高等。

解决方法是：立即按"暂停"按钮，以保护聚焦透镜；适当调整工艺参数，如增加激光输出功率、降低切割速度、减小辅助气体压力等。

（7）光束分散或中断。切割过程中光束出现分散或中断现象，这种情况产生的原因可能是切割速度太快、激光功率太低、焦点位置太低等。对应的解决方法是减小切割速度、提高激光输出功率、提高焦点位置等。

（8）切口粗糙。这种情况产生的原因可能是喷嘴损坏、透镜脏污等。解决方法是更换喷嘴或清洗透镜，如有必要就更换透镜。

（9）拐角处产生等离子气体。这种情况产生的原因可能是光束角度公差太高、调制太高、加速度太高等。对应的解决方法是减小光束角度公差、减小调制、减小加速度等。

（10）光束在开始处分散。这种情况产生的原因可能是加速度太高、焦点位置太低、熔化的材料未能排出等。对应的解决方法是减小加速度、提高焦点位置、穿圆孔排料等。

2.3.3 碳钢切割缺陷实例

下面是某企业在切割加工碳钢工件的过程中，出现的一些缺陷形式及原因分析。

（1）波纹切割面。波纹切割面缺陷如图 2-73 所示，其中，上面的工件的切割面为波纹面形式，下面的工件的切割面正常。该波纹切割面产生的原因是激光功率过低或辅助气体压力太小。

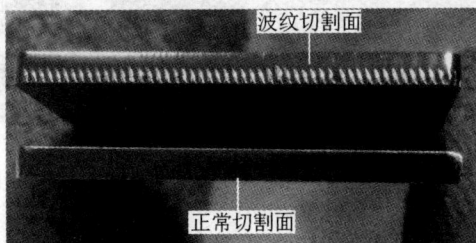

图 2-73 波纹切割面

（2）底面局部挂渣。底面局部挂渣缺陷如图 2-74 所示，其中，上面的工件的切割面有局部挂渣现象，下面的工件的切割面正常。该局部挂渣产生的原因是聚焦光斑光心偏离、喷嘴口径不圆。

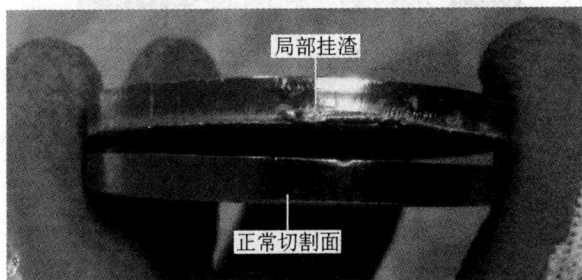

图 2-74 底面局部挂渣

（3）熔渣黏结或切不透。熔渣黏结或切不透缺陷如图 2-75 所示，其中，上面的工件的切割面有熔渣黏结或切不透现象，下面的工件的切割面正常。该熔渣黏结或切不透现象产生的原因是被切割板材的表面锈蚀或者有油漆。

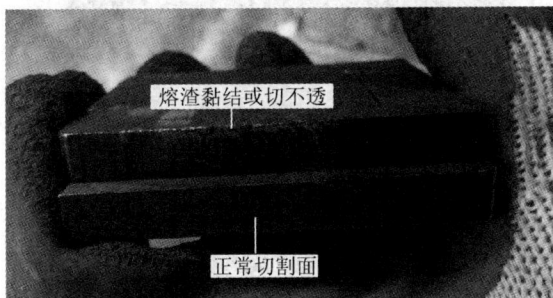

图 2-75 熔渣黏结或切不透

（4）絮状纹路。絮状纹路缺陷如图 2-76 所示，其中，上面的工件的切割面底部有絮状纹路现象，下面的工件的切割面正常。该絮状纹路产生的原因是激光功率过小。

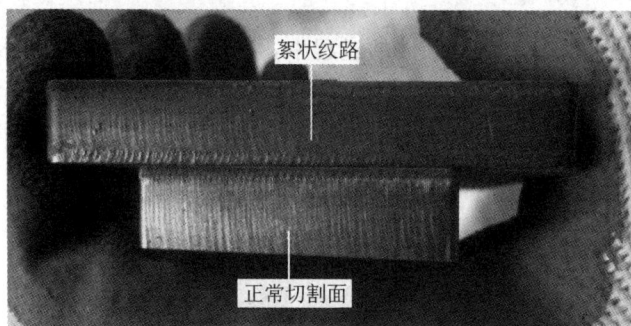

图 2-76　絮状纹路

（5）粗纹路及分层。粗纹路及分层缺陷如图 2-77 所示，其中，上面的工件的切割面出现了粗纹路及分层现象，下面的工件的切割面正常。该粗纹路及分层现象产生的原因是焦点位置过高。

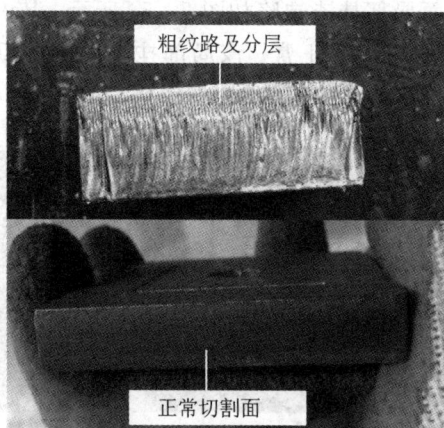

图 2-77　粗纹路及分层现象

（6）切割面分层。切割面分层缺陷如图 2-78 所示，其中，上面的工件的切割面出现了分层现象，下面的工件的切割面正常。该切割面分层现象产生的原因是辅助气体压力过大。

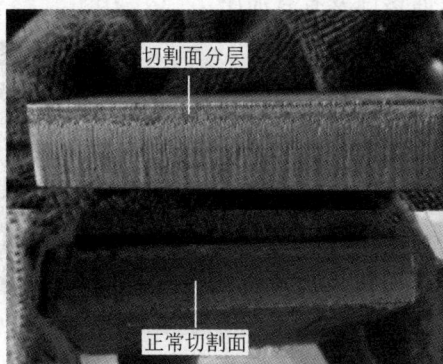

图 2-78　切割面分层现象

　　（7）挂瘤。切割面挂瘤缺陷如图 2-79 所示，其中，上面的工件的切割面出现了挂瘤现象，下面的工件的切割面正常。该挂瘤现象产生的原因是切割面的部分区域存在锈斑。

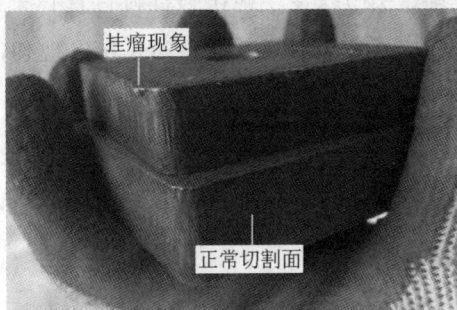

图 2-79　挂瘤现象

　　（8）烧熔与蚀坑。切割面烧熔与蚀坑缺陷如图 2-80 所示，其中，上面的工件的切割面出现了烧熔与蚀坑现象，下面的工件的切割面正常。该烧熔与蚀坑现象产生的原因是板材过热。

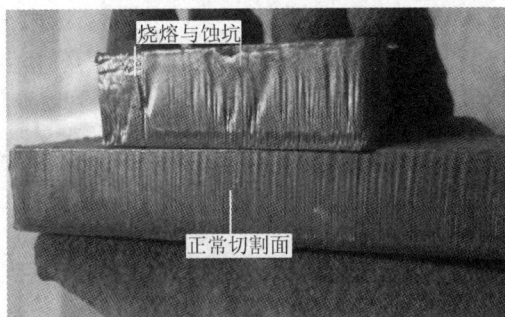

图 2-80　烧熔与蚀坑

　　（9）挂瘤或切不透。切割面挂瘤或切不透缺陷如图 2-81 所示，其中，上面的工件的切割面出现了挂瘤或切不透现象，下面的工件的切割面正常。该挂瘤或切不透现象产生的原因是板材内部有杂质（有害元素）堆积。

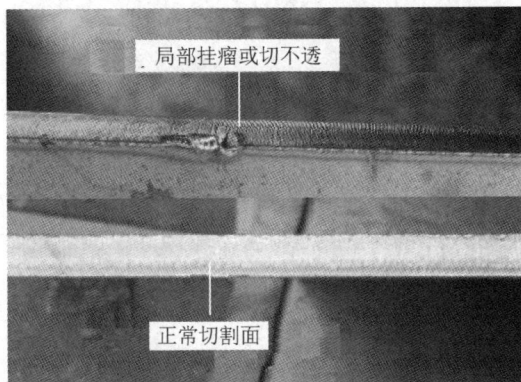

图 2-81　断面挂瘤或切不透

　　以上仅是激光切割生产中出现的缺陷情况的部分案例，在激光切割过程中，可能会出现各种情况，一般认为，材料厚度越大，越容易出现切割缺陷。因此，在激光切割过程中，除了仔细调整切割工艺的参数，还应经常注意切割材料自身状态的检查、辅助气体压力的调整和喷嘴的检查，以排除干扰，保证切割正常进行。在出现切割缺陷后，应及时进行分析，查找原因并纠正与调整，确保切割质量良好。

第 3 章　激光熔覆质量性能检测

3.1　激光熔覆技术简介

3.1.1　激光熔覆的原理

激光熔覆(Laser Cladding)亦称激光包覆或激光熔敷,是一种新的表面改性技术。它通过在基材表面添加熔覆材料,并利用高能密度的激光光束使之与基材表面薄层一起熔凝的方法,在基层表面形成与其为冶金结合的添料熔覆层,如图 3-1 所示。

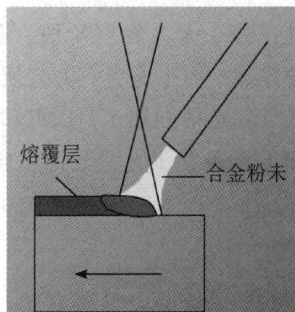

图 3-1　激光熔覆工艺示意图

激光熔覆层的主要性能包括:高硬度、高耐磨性、高耐蚀性、抗高温氧化性能、抗蠕变性能等。其性能主要取决于熔覆材料的特性、激光熔覆工艺参数及基体材料等。

3.1.2　激光熔覆的应用

目前,激光熔覆技术已成为新材料制备、金属零部件快速直接制造、失效金属零部件绿色再制造的重要手段之一,已广泛应用于航空航天、石油、汽车、机械制造、船舶制造、模具制造等行业。

激光熔覆技术最先应用于汽车零件方面,如图 3-2 所示。由于汽车的发动机阀、汽缸内槽、齿轮、排气阀座以及一些精密微细部件需要高的耐磨、耐热以及耐蚀性能,因此激光熔覆有了很广泛的应用。在排气门的密封面熔覆 Stellite 合金,通过摩擦磨损测试发现,熔覆层的耐磨性能提高 6 倍以上。

俄罗斯在利用激光熔覆修复汽车零件方面的成效突出。激光熔覆技术广泛应用于修复发动机曲轴、凸轮轴、气门和汽车传动轴、万向节接头等易损零件,这些零件在喷涂磁化粉末并进行激光熔覆后，零件表面硬度提高 3～5 倍，耐磨度提高 8～15 倍，使用寿命提高 2～4 倍。

图 3-2　激光熔覆在汽车零件方面的应用

英国某发动机公司采用微机控制的自动送粉激光表面熔覆工艺取代了手工氩弧堆焊，在涡轮增压器叶片上熔覆钴基合金，得到无气孔、无裂纹的高性能熔覆层，从而改善了其高温耐蚀性。其加工时间从 14 min 减到 75 s，成本降低了 85％，这种工艺提高了加工精度，省去了研磨工序。

目前，激光熔覆技术在国内也正处于大力发展阶段。浙江久恒光电科技有限公司是一家从事激光智能制造、再制造设备集成、加工服务、工艺研发的高科技企业，在激光表面强化（淬火/熔覆/合金化）、激光焊接、激光精细加工、LMD 增材制造等领域拥有雄厚的技术实力，研发了一系列高端的激光加工设备和工艺。下面以该公司的产品案例介绍激光熔覆在工业上的应用情况。

1. 油泵"平衡套"内壁激光熔覆

基体材料：304 不锈钢；熔覆材料：HL340（铁基合金）；熔覆层厚度：1.7 mm；表面硬度：45～48HRC。经过熔覆后产品的耐磨性能比 Stellite6 等离子堆焊涂层的耐磨性能高 50％以上，耐蚀性能也高于 304 不锈钢（如图 3-3）。

图 3-3　油泵"平衡套"内壁激光熔覆实物图

2. 蝶阀密封面激光熔覆

基体材料：WCB(ZG310-570)；熔覆材料：HL350(铁基合金)；熔覆层厚度：2.5 mm；表面硬度：55～57HRC。熔覆后产品的耐磨性能比 Stellite6 等离子堆焊涂层的耐磨性能高50％以上，耐蚀性能高于 304 不锈钢(如图 3-4)。

图 3-4　蝶阀密封面激光熔覆实物图

3. 平行双板闸阀"阀板"密封环激光熔覆

基体材料：316L 不锈钢；熔覆材料：HL550(钴基合金)；熔覆层厚度：2.2 mm(双层)；表面硬度：38～42HRC；稀释率小于 5％。熔覆后产品的耐磨性能比 Stellite6 等离子堆焊涂层的耐磨性能高 30％以上(如图 3-5)。

图 3-5　平行双板闸阀"阀板"密封环激光熔覆实物图

4. NPS4 楔式闸阀"阀板"密封环激光熔覆

基体材料：WCB；熔覆材料：HL350(铁基合金)；熔覆层厚度：2.5 mm(双层)；表面

硬度：59～62HRC。熔覆层形成细针马氏体组织，其耐磨性能比电弧焊铁基合金的耐磨性能高1倍以上（如图3-6）。

图3-6 NPS4楔式闸阀"阀板"密封环激光熔覆实物图

5. DN250楔式闸阀"阀板"密封环激光熔覆

基体材料：WCB；熔覆材料：HL350（铁基合金）；熔覆层厚度：2.5 mm（双层）；表面硬度：59～62HRC。熔覆层形成细针马氏体组织，其耐磨性能比电弧焊铁基合金的耐磨性能高1倍以上（如图3-7）。

图3-7 DN250楔式闸阀"阀板"密封环激光熔覆实物图

6. 球阀激光熔覆"马氏体不锈钢"涂层

基体材料：304不锈钢；熔覆材料：HL350（铁基合金）；熔覆层厚度：1.0 mm；表面硬度：56～59HRC。熔覆后的产品性能优良，这种熔覆工艺可替代传统的镀硬铬、热喷涂、超音速冷喷涂工艺（如图3-8）。

图 3-8　球阀激光熔覆"马氏体不锈钢"涂层实物图

7. 球阀激光熔覆超耐磨"金属陶瓷"涂层

基材：304 不锈钢；熔覆材料：50％Ni25＋50％WC；熔覆层厚度：0.6 mm；表面平均硬度：52～55HRC；基体相硬度：400～450HV；陶瓷相硬度：2200～2400HV。熔覆后的产品可应用于煤化工、多晶硅等强冲刷性的恶劣工况环境，可替代超音速冷喷涂 WC 涂层，其使用寿命延长了 4 倍以上。

8. 汽轮机动叶片激光强化与修复

采用激光熔覆强化工艺，解决了叶片冲蚀、气蚀的问题，防水蚀性能提高了 1～2 倍，这种工艺替代感应加热，喷涂、镶嵌硬质合金等工艺（如图 3-9）。

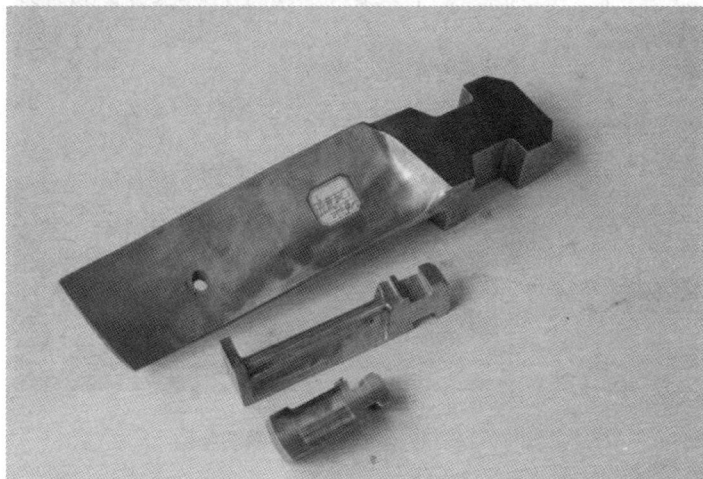

图 3-9　汽轮机动叶片激光强化与修复实物图

9. 药机挤出螺杆刃口激光熔覆

基材：304 不锈钢；熔覆材料：HL350（铁基合金）；硬度：57～59HRC。熔覆后的产品在酸性溶液和碱性溶液中电极电位达到 304 不锈钢水平，使用寿命提高了 5 倍，可替代日本进口产品（如图 3 - 10）。

图 3 - 10　药机挤出螺杆刃口激光熔覆实物图

10. 叶轮口环激光熔覆

基材：316 不锈钢锻件；熔覆材料：钴基合金；熔覆层厚度：1.8 mm；表面硬度：45～48HRC。变形量小于 1 mm（如图 3 - 11）。

图 3 - 11　叶轮口环激光熔覆实物图

11. 玻璃模具激光熔覆镍基 WC 合金

与传统的喷涂技术相比，熔覆后的产品提高了玻璃模具涂层的结合强度，同时具有极好的耐磨性，硬度达到 60HRC，其使用寿命可以达到 30 万次以上（如图 3 - 12）。

图 3-12　玻璃模具激光熔覆镍基 WC 合金实物图

3.2　激光熔覆的质量性能检测

3.2.1　金相试样的制备

激光熔覆后的金相试样制备方法与常规金相试样制备方法相同，其流程主要包括取样（镶嵌）、粗磨、细磨、抛光、腐蚀等步骤，如图 3-13 所示。

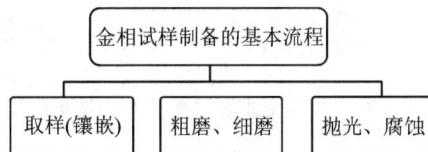

图 3-13　金相试样制备的基本流程

（1）取样：取样的方法包括车床加工法、刨床加工法、砂轮切割法、电火花线切割法、锤击法等。在试样加工过程中，为了保证金相组织不受加工过程中产生热量的影响，常用电火花线切割，电火花线切割有冷却液的作用，对组织的影响相对较小。

（2）镶嵌：对于一些小试样，根据检测需要，需要进行镶嵌处理，镶嵌的方法有热镶嵌、冷镶嵌及机械夹持，如图 3-14 所示。

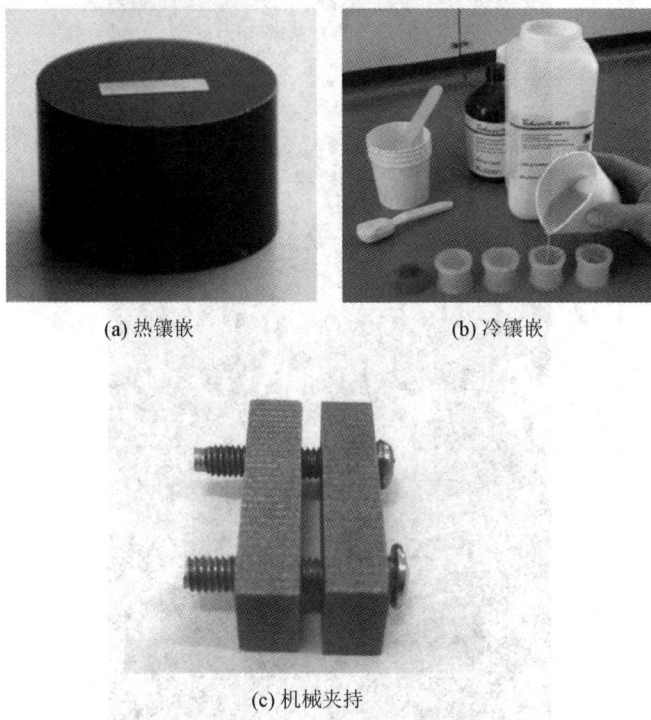

(a) 热镶嵌　　　　　　　　　　(b) 冷镶嵌

(c) 机械夹持

图 3-14　镶嵌方法

图 3-15 是经过电火花线切割加工后的激光熔覆试样，该试样是在 F304（阀门专用 304 不锈钢）上激光熔覆 Ni55 粉末的试样，试样的尺寸为 20 mm×10 mm×10 mm，该尺寸大小的试样适合手持磨制与抛光，因此无需进行镶嵌。

10 mm

图 3-15　电火花线切割加工激光熔覆试样

（3）磨样：磨样分为粗磨和细磨，粗磨可以采用粗砂纸（如 100♯金相砂纸），也可以采用锉刀、砂轮机等。细磨则一般采用不同规格的砂纸。

砂纸以号（或目）来表示，号（或目）是指磨料的粗细，数字越大，说明每平方英寸（1 平方英寸＝6.4516 平方厘米）的磨料数量越多，磨料越细。表 3-1 是实验室常用的金相砂纸型号与粒度及代号对照表。经过粗磨以后，激光熔覆试样一般采用 0♯～06♯砂纸进行细磨即可。

表 3-1　金相砂纸型号与粒度及代号对照表

粒度	粒度号	尺寸/μm	代号
280#	W50	～40	1#
320#	W40	40～28	0#
400#	W28	28～20	01#
500#	W20	20～14	02#
600#	W14	14～10	03#
800#	W10	10～7	04#
1000#	W7	7～5	05#
1200#	W5	5～3.5	06#
1400#	W3.5	3.5～3	07#
1600#	W3	3～2.5	08#
1800#	W2.5	2.5～2	09#
2000#	W2	2～1.5	10#

磨样时，将砂纸放置于平整的玻璃上，如图 3-16 所示，在一套不同粒度（0#～06#）的砂纸上磨制，由粗到细，注意砂纸的叠放顺序，细砂纸在粗砂纸的上方，以防止粗砂粒落到细砂纸上，影响下一道磨样效果。更换砂纸时，磨痕方向与上一道磨痕方向垂直，磨痕要长，用力要匀，样品与砂纸紧密接触，直到全部覆盖上一道次的划痕为止。

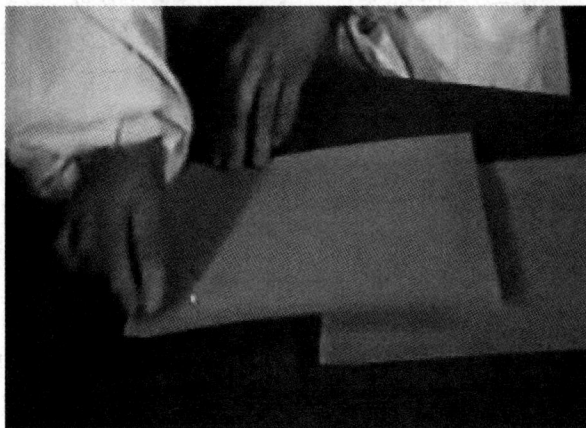

图 3-16　金相试样磨制

（4）抛光：金相试样研磨之后需要进行抛光，将试样上研磨过程产生的磨痕及变形层去掉，使其成为光滑镜面。目前抛光试样的方法有机械抛光、电解抛光、化学抛光以及复合抛光等。最常用的抛光方式为机械抛光，激光熔覆后的试样采用机械抛光即可。机械抛光分为自动抛光与手动抛光，图 3-17 为手动机械抛光实物图。

图 3-17 手动机械抛光实物图

抛光过程中，需要加入抛光剂，抛光剂有粉状、膏状和喷雾状。抛光剂的主要成分有氧化铝、氧化镁、氧化铬、金刚石等。不同材质的金相试样应配合不同的抛光条件和参数（如抛光粉、抛光布、抛光盘转数等），以获得光滑如镜、没有磨痕的抛光表面，这需要多次试验积累的经验。

（5）腐蚀：金相试样腐蚀的方法包括浸蚀法、滴蚀法、擦蚀法，如图 3-18 所示。

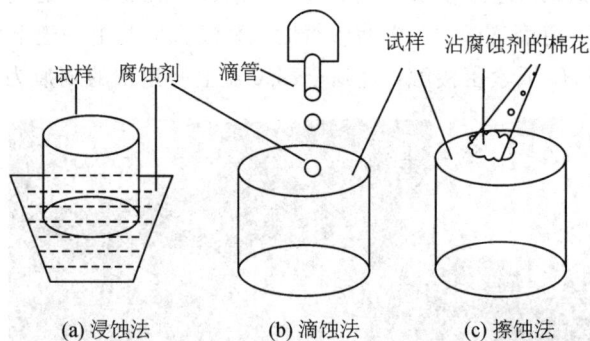

(a) 浸蚀法   (b) 滴蚀法   (c) 擦蚀法

图 3-18 金相试样腐蚀的方法

对于不同材质的金相试样，需要选择不同的腐蚀液。对激光熔覆试样而言，Fe 基合金熔覆层可用 5% 的硝酸酒精溶液作为腐蚀液，而耐腐蚀性能优异的 Co 基、Ni 基合金熔覆层推荐使用王水（浓盐酸（HCl）和浓硝酸（HNO_3）按 3∶1 的体积比组成的混合物）腐蚀，腐蚀时间根据试样实际情况摸索而定。腐蚀时注意佩戴口罩、防护眼镜、橡胶手套等安全用品。

3.2.2 稀释率及其计算

稀释率是指在激光熔覆中，由于熔化基材的混入而引起的熔覆合金成分的变化程度。下面通过一组试验数据来了解稀释现象。

激光熔覆粉末的化学成分如表 3-2 所示，粉末中含有 Cr、Ni、Fe、Co 等合金元素。

表 3－2　激光熔覆粉末的化学成分

粉末成分	C	Cr	Fe	Mn	Mo	Ni	Si	W	Co
含量/wt.%	1.09	29.2	1.85	0.09	0.25	2.38	1.06	4.10	余量

图 3－19 是利用表 3－2 的粉末在 316 不锈钢表面激光熔覆后得到的微观组织图及能谱分析图，熔覆层中方框的能谱分析显示，熔覆层的成分与粉末成分相似，同样存在 Cr、Ni、Fe、Co 等元素，但是其化学成分含量发生了较大的变化。其中 Cr 元素的含量由原来 29.2wt.% 变为 18.26wt.%，Ni 元素的含量由原来的 2.38wt.% 变为 7.54wt.%，Fe 元素的含量由原来的 1.85wt.% 变为 61.26wt.%，Co 元素的含量由原来的 59.98wt.% 变为 5.94wt.%。这说明在激光熔覆过程中，熔化的粉末与不锈钢基体材料发生了较大的对流和扩散，也就是熔覆粉末的成分被稀释了，这就是稀释现象，其稀释程度用稀释率来表示。

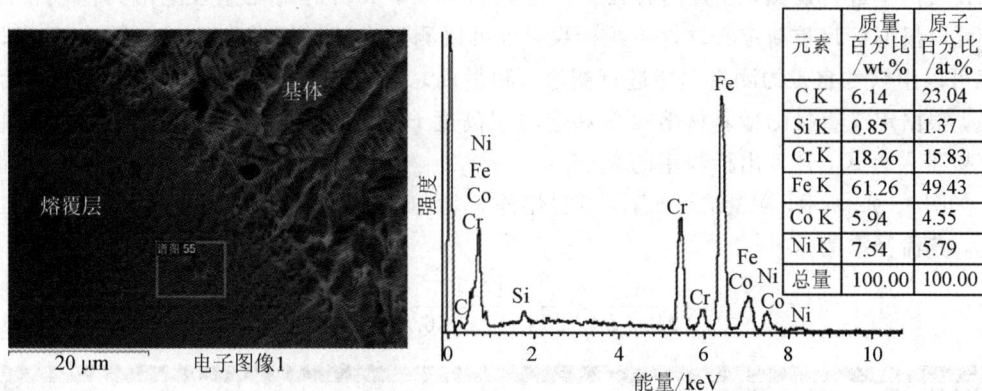

元素	质量百分比/wt.%	原子百分比/at.%
C K	6.14	23.04
Si K	0.85	1.37
Cr K	18.26	15.83
Fe K	61.26	49.43
Co K	5.94	4.55
Ni K	7.54	5.79
总量	100.00	100.00

图 3－19　激光熔覆后的微观组织图及能谱分析图

稀释率一般采用几何稀释率计算方法，其公式为

$$\eta = \frac{A_1}{A_1 + A_2} \tag{3-1}$$

式中：η 为稀释率，A_1 为基材熔化截面面积，A_2 为熔覆层截面面积。图 3－20 是激光熔覆试样示意图。

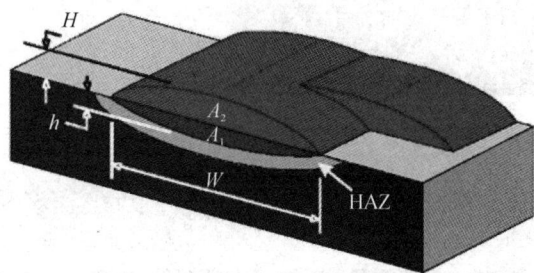

图 3－20　激光熔覆试样示意图

在实际检测时，基材熔化截面面积 A_1 和熔覆层截面面积 A_2 不方便测量与计算。图 3－21 是激光熔覆试样截面示意图。由于熔覆层的宽度与基材的熔化宽度存在对应关系，且基材不被熔覆工艺参数所影响，因此几何稀释率计算方法可简化为

$$\eta = \frac{h}{H+h} \qquad\qquad (3-2)$$

式中：η 为稀释率，h 为基材熔深，H 为熔覆层高度。

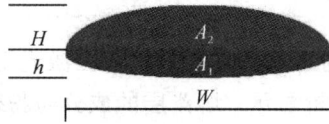

图 3-21　激光熔覆试样截面示意图

下面以实例讲解稀释率的测算过程。本次实例采用的是莱卡 DM2500M 型金相显微镜，配备北京中科科仪的 SISC IAS 金相分析软件。

其过程如下：打开分析软件，点击摄像头按钮，调好焦距后获取金相照片，对照片的色彩、放大倍率进行设置，设置完后在图片上设置标尺，其目的是在他人使用其他设备测量时，可以根据标尺重新定义软件系统标尺，也可以测量出基材熔深 h 和熔覆层高度 H。接着就可以用软件自带的测量功能进行测量，测量前，先在粉末熔覆层与基材之间画一条基准线，根据定义直接测量基材熔深 h 和熔覆层高度 H，如图 3-22 所示。测量后的结果可以直接带入公式，计算出稀释率的大小。

如图 3-22 所示，测量结果如下：基材熔深 h 为 46.47 μm，熔覆层高度 H 为 659.41 μm。因此，其稀释率为

$$\eta = \frac{h}{H+h} = \frac{46.47}{659.41+46.47} = 6.58\%$$

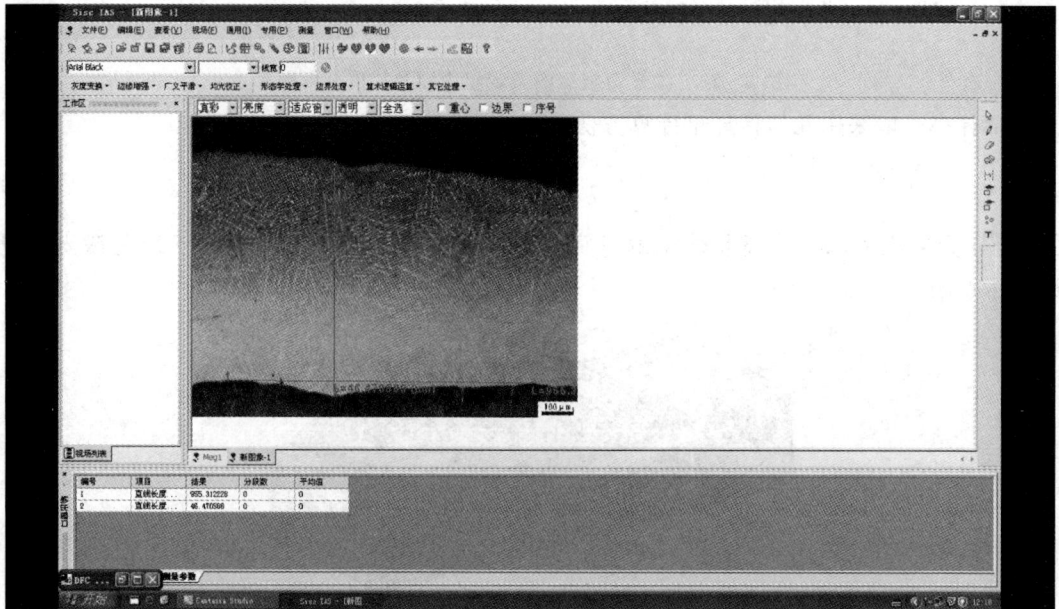

图 3-22　金相分析软件截图

稀释程度的大小直接影响熔覆层优异性能的发挥。图 3-23 是喷涂、堆焊及激光熔覆三种不同工艺的稀释情况。从图 3-23 中可以看出，热喷涂或等离子喷涂的稀释率几乎为

0％，也就是说涂层与基体的合金成分没有发生变化，涂层与基体之间属于机械咬合，结合力差，这样的涂层在使用中很容易脱落而失效。堆焊的稀释率通常在30％～60％之间，基体过度稀释涂层，熔覆层性能被弱化，而且加大了熔覆层开裂、变形的倾向。激光熔覆后，可以得到小于10％的稀释率涂层，涂层与基体之间呈冶金结合，较小的稀释率充分发挥涂层的性能优势。

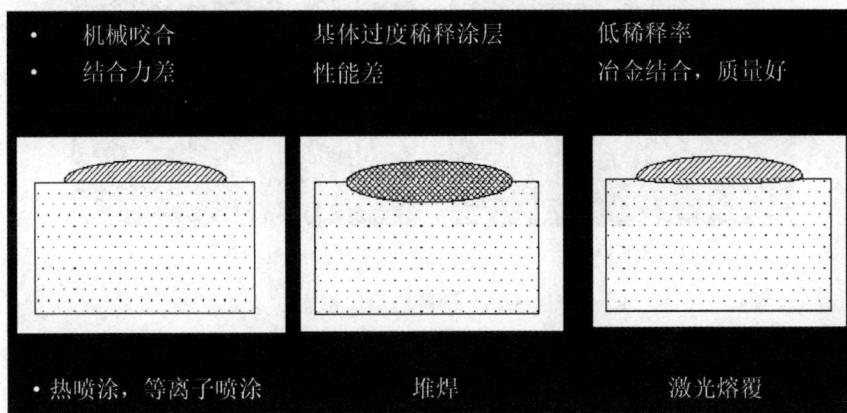

图3-23 不同工艺的稀释情况

3.2.3 金相组织观察与分析

金相试样的获取同3.2.1节中介绍的一致。下面通过实例介绍金相组织的分析。

熔覆基材：304不锈钢；熔覆粉末：Ni60AA，其熔点为960～1040℃，粉末颗粒度为200～300目，其化学成分见表3-3。

表3-3 熔覆粉末Ni60AA的化学成分

粉末成分	B	C	Cr	Fe	Mn	Mo	Si	Ni
含量/wt.%	3.10	0.57	15.98	4.09	0.01	0.03	3.85	余量

激光熔覆工艺参数如下：光斑大小为10 mm×4 mm，激光功率为1800 W，扫描速度为4 mm/s，搭接率为50％。运用氮气（N_2）进行同步送粉，送粉气压为0.4 MPa。为了防止粉末在高温熔覆环境中被氧化，达到保护熔池的效果，采用0.2 MPa的氩气（Ar）对熔池进行保护。

通过电火花线切割截取熔覆层试样，尺寸为20 mm×20 mm×10 mm，经过粗磨、细磨、抛光后采用$FeCl_3$溶液进行腐蚀（腐蚀剂配方：$FeCl_3$为20 g，HCl为20 ml，去离子水为100ml），再经清水冲洗、酒精擦拭、风干后置于金相显微镜下进行观察。

图3-24为熔覆层横截面的显微组织形貌，从该图中可以看到，存在明显的三个区域，从上到下依次是熔覆区（Clading Zone）、结合区（Bonding Zone）、热影响区（Heat Affected Zone），其中熔覆区和结合区合称为熔覆层。从图中

图3-24 熔覆层显微组织形貌

可以看出，熔覆层与基体的界面基本为一条直线，稀释率很低。

将熔覆层的结合区和熔覆区的组织放大后，如图 3-25 所示。从图 3-25 中可以看出，紧靠基体的结合区组织形态是平面晶，远离基体方向，组织依次转变为胞状晶、树枝晶和等轴晶，在熔覆层顶端分布着大量细小均匀的等轴晶。

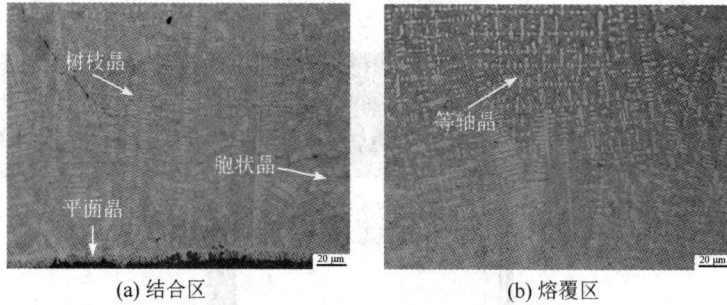

(a) 结合区　　　　　　　　　(b) 熔覆区

图 3-25　熔覆层组织形态

根据相关文献，可以用温度梯度 G 与凝固速率 V_s 的比值 G/V_s 来解释各组织形态的形成过程。基体和熔池的界面处，此值很大，因此在凝固初期，平面晶首先形成。因为在激光加热作用下产生的熔池刚形成的时候，并未出现凝固，凝固速率 V_s 近似为 0，G/V_s 值可以看作 ∞，组织凝固便以一个平面的形式向前生长，即形成了平面晶。在这之后，凝固速率 V_s 迅速增加，温度梯度 G 也从最开始的峰值开始降低，胞状晶便在此时形成了。在胞状晶之后，树枝晶开始形成。起初，树枝晶正常生长，但是渐渐地凝固界面到达表面，温度梯度 G 再次减小，树枝晶开始变细，杂乱无章地生长，此时的凝固速率进一步增大，树枝晶变得很小，枝晶间的空间也被压缩，等轴晶开始出现。此外，碳化物也在此区域形成，导致硬度增大。G、V_s 对界面结晶形式的影响如图 3-26 所示。

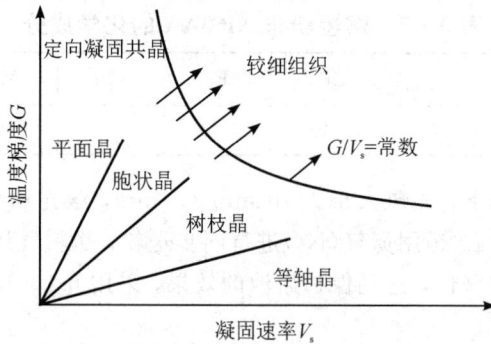

图 3-26　G、V_s 对界面结晶形式的影响

3.2.4　组织缺陷分析与性能检测

1. 裂纹

激光熔覆过程中发生着复杂的物理、化学及冶金反应，并且快热快冷的加工过程导致材料对裂纹很敏感。激光熔覆时，由于激光光束能量密度高，对熔覆层材料的加热十分迅速，熔池界面附近温度梯度十分大。激光光束一旦移开，已熔化的熔覆层与基体迅速冷却，但是激光熔覆是一个快热快冷的过程，熔覆层凝固时得不到充足的液体金属来进行补充，

已经形成的温度梯度使得基体与熔覆层体积膨胀出现不一致的情况，在熔覆层内以及热影响区附近的基体内由此形成了内应力，通常此内应力是拉应力，如图 3-27 所示。在此应力的作用下，一旦材料超过能承受的强度极限，裂纹便萌生。此外，相变也会导致熔覆过程中的金属在冷却时产生组织应力。这些应力一旦得以释放，薄弱环节就会出现开裂情况。常用的钴基和镍基等自熔性合金的熔覆层特别容易出现裂纹。

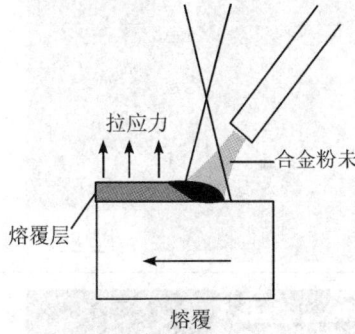

图 3-27　激光熔覆裂纹产生原因

激光熔覆裂纹按其产生的位置有以下几种类型，如表 3-4 所示。

表 3-4　激光熔覆裂纹的类型

裂纹种类	代表图片	说明
熔覆层裂纹		熔覆层的抗裂性小于基材
基材裂纹		基材的抗裂性小于熔覆层

裂纹种类	代 表 图 片	说　明
搭接区裂纹	100 μm	熔覆层与层之间的应力
硬质相裂纹	100 μm	WC、SiC 等硬质相颗粒在制造过程中已形成微裂纹，这些微裂纹受到激光熔覆时产生的热应力的影响，开始扩展并向熔覆层内的其他区域扩展

从表 3-4 的代表图片中可知，激光熔覆的微裂纹可以通过金相显微镜或者扫描电镜检测得到。另外，着色探伤也常用于检测裂纹，见 3.2.4 节的介绍。

一般认为，固态金属的冷却过程中，应力状态主要有两种，即热应力和在固态相变作用下产生的组织应力。这两种应力的综合作用决定了熔覆层和过渡区是否开裂，当两种应力的综合作用力表现为拉应力状态时，裂纹肯定会产生；而当综合作用力表现为压应力状态时，熔覆层不会出现开裂的情况。由此，为了避免熔覆层组织中出现裂纹，可以从以下两点减少或者消除裂纹：① 减少残余内应力；② 减少开裂倾向性。表 3-5 列出了消除裂纹的一些措施。

表 3-5　消除裂纹的措施

消除裂纹措施	方　法	说　明
减少残余内应力	基体预热	目的：减小基体与熔覆层的温度差，体积膨胀接近 温度：300～450℃，温度太高，硬度下降；温度太低，裂纹难以消除
	去应力退火	退火释放应力，使用该方法时应注意缓冷，需保温较长时间
	预热＋去应力退火	结合基体预热和去应力退火的优点，该方法适用于高硬度、易裂涂层

消除裂纹措施	方 法	说　明
减少开裂倾向性	基材处理	基材冶炼和出厂前热处理要求基材的成分和组织均匀,气孔夹杂等缺陷少
	粉末处理	粉末配方尽量控制 B、Si 的含量(B、Si 具有造渣能力,在熔池中不能及时上浮,夹杂在熔覆层中,增加裂纹敏感性)
	优化工艺参数	选择恰当的激光熔覆工艺参数(光斑大小、激光功率、扫描速度等)可以减小熔覆过程中产生的拉应力,当拉应力减小到一定程度时,便能够有效地抑制熔覆层及基体表面过渡区中裂纹的产生

2. 气孔

气孔是激光熔覆层的形成过程中产生的气体在熔覆层快速凝固成型的过程中来不及逸出所导致的。气体的来源有几个方面:① 高功率密度的激光使得被加工材料及粉末加热十分迅速,脱氧造渣不能彻底进行,因此熔池中形成氧或氧化物,并和碳发生反应生成 CO_2;② 激光熔覆粉末在熔覆前没有烘干或者烘干得不彻底,粉末带的水分导致气孔产生;③ 采用黏结法预置粉末时,黏结剂也会产生气体。通常激光熔覆层的气孔多为球形,如图 3-28 所示,主要分布在熔覆层中、下部及熔覆层的前端和尾部,这是由于这些位置与空气的接触面积大,冷却速度较快,熔池冷却凝固的时间较短,气体来不及逸出而留在固态的熔覆层之中。

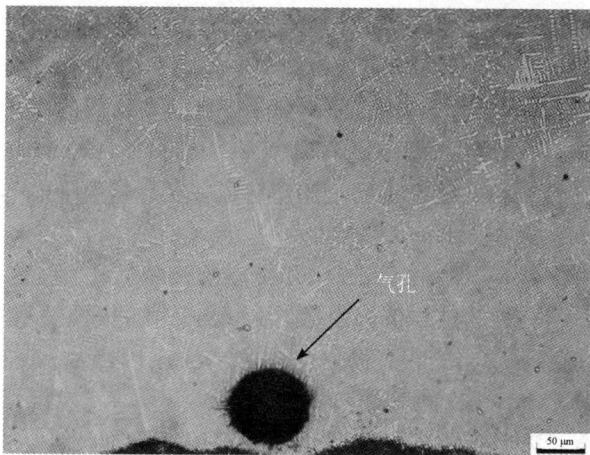

图 3-28　熔覆层中的气孔

目前,还没有关于激光熔覆气孔率或者孔隙率的相关检测标准,根据激光熔覆的应用场合,激光熔覆可替代热喷涂,在热喷涂产品中,孔隙率是重要的检测项目之一,但中华人民共和国机械行业标准 JB/T 7509—94《热喷涂涂层孔隙率试验方法　铁试剂法》已经被废除。周羊羊等人报道了热喷涂层孔隙及对涂层性能影响的研究现状,研究指出,目前涂层孔隙率表征方法有压汞法、称重法、金相法等，这些方法只能计算孔隙总体积占涂层总体积的百分比，无法具体描述孔隙的数量、大小、形态和分布。

目前测量涂层孔隙率的方法大多是从二维图像的角度，对涂层某一剖面的孔隙进行分析。在二维情况下孔隙通常被认定为球形，且孔隙尺寸往往被看作是等直径大小，这样的假设通常会对涂层孔隙的真实表征产生误导。而三维孔隙分析是通过立体测量方法提供一种更加真实的，接近孔隙真实尺寸、形貌、分布的技术，更能直观准确地反映问题。

由于涂层结构的复杂性和种类的多样性，每种测试方法都有相应的针对性和局限性。就目前应用较多的定量金相技术和图像分析法而言，其操作简单，成本低，但受图像分辨率、图像处理技术及对涂层孔隙识别能力的影响，测量结果仍存在一定误差。

杨玉娥等采用微波无损检测技术，通过微波信号的反射系数相位差的变化来表征涂层孔隙率的变化。结果表明，额定工作频率下的微波无损检测技术可以很好地检测涂层孔隙率，微波信号反射系数相位差每变化 8°，涂层孔隙率变化 1%，并具有一定的准确度。这将为无损检测技术测量涂层孔隙率开辟新的途径，但此技术对微波接收的灵敏度不高，且对单个孔隙进行表征仍存在困难。Kawakita 等采用电感耦合等离子光谱仪对超音速火焰喷涂涂层的通孔率进行了测试，用含有铁、镍元素的测试溶液浸泡涂层试样，然后采用光谱仪测试粒子在涂层中的分布比例，进而评估涂层的通孔率。这种方法只能对涂层某剖面表层的通孔进行测试，对于涂层内部孔隙分布未作描述。Buszewsk 等采用 X 射线小角散射方法对涂层进行扫描，然后借助探测器对数据进行捕捉处理，得出关于涂层孔隙的相关数据。根据不同孔隙对射线散射程度不同，经分析可以得到扫描矢量变化与 X 射线散射累积密度和孔隙尺寸变化与 X 射线散射累积密度的关系曲线。但此方法没有对涂层的形貌进行直观的描述，仅对孔隙率进行了定量分析，因此还需要根据射线散射密度分析孔隙形状分布。

通过对涂层进行三维分析，可以很直观地看到孔隙在涂层内的形貌及分布，对涂层的基础研究及分析孔隙对涂层性能的影响具有重要价值，还可以进一步分析涂层孔隙的微观形貌、单个粒子铺展状态及涂层的形成机理，向深入了解热喷涂层的微观属性，优化热喷涂工艺参数迈出重要的一步。目前国内外采用电子计算机断层扫描（Computed Tomography，CT）技术对涂层孔隙进行三维分析的研究仍处于起步阶段，主要是由于成本较高，CT 系统分辨率较低，实验操作复杂、耗时长。

综上所述，在试验条件有限的情况下，采用金相法检测气孔，也是可取的方法之一。在获取照片后，可利用金相分析软件二值分割后，统计出气孔的数量、孔径和面积等信息。

气孔是激光熔覆的主要缺陷之一，根据气孔产生的原因，为了防止气孔缺陷的产生，需要注意以下几点：

（1）严格防止合金粉末贮运中的氧化和受潮，使用前要烘干。

（2）熔覆时，尽量减少基材和粉末的氧化程度，尤其是非自熔性合金更应在保护气氛下进行。

（3）熔覆层尽量薄，以便熔池内的气体逸出。

（4）优化激光熔覆工艺参数，尽量延长激光熔池的存在时间，以增加气体逸出时间。

3. 硬度检测

硬度是固体材料（熔覆层）抗拒永久形变的特性，是材料弹性、塑性、强度和韧性等力学性能的综合指标，而且硬度与耐磨性能有一定的对应关系，是激光熔覆后的必检项目之一。

测量固体材料表面硬度的方法有划痕法、压入法和动力法。机械工程中常用的压入法硬度试验有布氏硬度试验、洛氏硬度试验和维氏硬度试验三种。

其中，布氏硬度试验适用于测定铸铁、有色金属及合金等的硬度，洛氏硬度试验适用于测定碳素钢、合金钢、硬质合金等黑色金属的硬度，维氏硬度（显微）试验用于测定材料表面处理后的渗层（包括激光熔覆层）的硬度。三种硬度在一定的情况下是可以换算的。

激光熔覆作为表面改性技术，其熔覆层的厚度通常小于 1 mm，同时，由于冷却速度的关系，激光熔覆层的硬度由表及里是不一致的。因此，熔覆层硬度的检测不适合采用较大压痕的硬度测试方法，维氏显微硬度计是最合适的检测工具，图 3-29 是维氏显微硬度计的实物图。

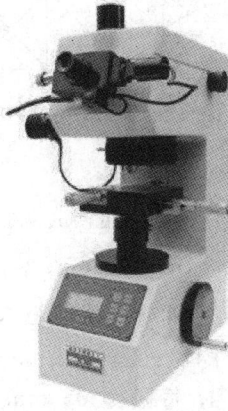

图 3-29　维氏显微硬度计

此外，检测位置在试样的最外层，在对试样进行加载时，由于边缘部位受到载荷作用，试样的另一边会翘起，得到的压痕也就不是规则的菱形，结果也就不准确。因此要采用对试样进行镶嵌的方法，或者采用设备自带的夹具对试样进行夹持后再进行检测，如图 3-30 所示。

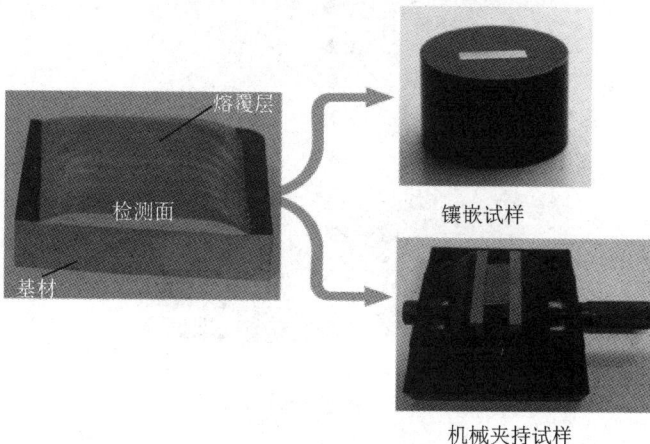

熔覆层

检测面

基材

镶嵌试样

机械夹持试样

图 3-30　硬度检测试样及加工方法

维氏硬度的检测原理如图 3-31 所示，136°的金刚石正棱锥体压头加载一定试验力 F 后，测量图 3-31 中的压痕对角线 d_1、d_2，根据式（3-3）计算得出硬度值。但现有的维氏显微硬度计，只要输入 d_1、d_2 后，就可直接读取数据。

$$HV = 0.102 \times \frac{F}{S} = 0.102 \times \frac{2F\sin\frac{\alpha}{2}}{d^2} \qquad (3-3)$$

式中：F 为试验力（N）；S 为压痕表面积（mm^2）；α 为压头相对面夹角，即 136°；d 为压痕对角线的平均长度（mm）。

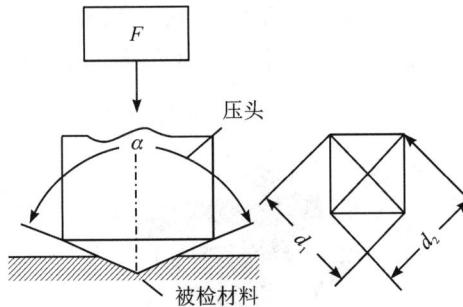

图 3-31　维氏硬度测试原理图

在进行硬度检测时，依据 GB/T 4340.1—2009《金属材料 维氏硬度试验 第 1 部分：试验方法》进行检测。试样载荷根据实际而定，载荷越大，压痕也就越深。为了保证检测的精度，国标中规定，每个压痕必须保证一定的间距。一般情况下，激光熔覆后，载荷可选择 100 g 或 200 g，加载时间为 15 s，每隔 0.05 mm 打一个点进行测试，如图 3-32 所示。

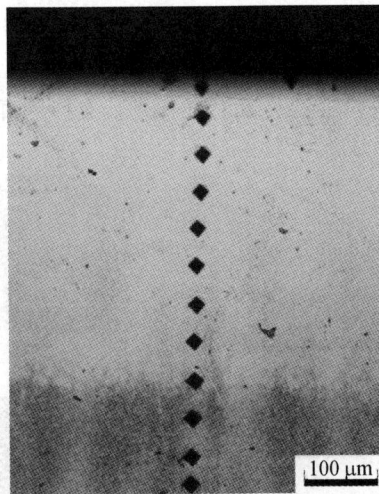

图 3-32　显微硬度打点位置

为了便于分析熔覆层硬度的变化趋势，可采用 Origin 软件或 Excel 作图，如图 3-33 所示。从图中可以发现，试样的最大硬度出现区间并不在最表层，这是因为激光熔覆过程中，熔池内 P 元素、O 元素等的生成物上浮，并聚集到表层，导致有的试样表层显得疏松，出现气孔等情况。

此外，硬度的测试，也可以得出目标硬度值的有效厚度。例如，在图 3-33 中，当要求熔覆层硬度大于 500HV 时，其有效厚度为 0.8 mm 左右。

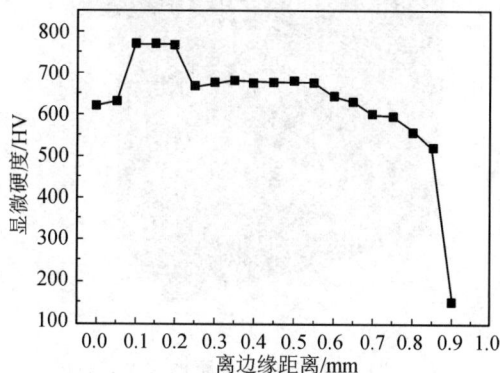

图 3-33　熔覆层显微硬度分布

总之，硬度是重要的性能指标，是激光熔覆后的必检项目之一。检测时，一般采用维氏显微硬度法测试，根据需要可换算成洛氏硬度。测试方法是从熔覆层外层往基体方向，每隔一定间距进行一次测试，分别检测熔覆层、过渡区、热影响区、基体的硬度。

4. 耐磨性能检测

激光熔覆是指在基体表面获得一层具有耐磨、耐蚀、耐热等特性的涂层，从而达到表面改性或修复的目的，因此耐磨性能是重要的性能指标之一。

目前，常用的耐磨性能的测定方法有以下几种。

（1）失重法（摩擦磨损试验）。

用磨损前后失去重量的大小衡量耐磨性能，失去的重量越小，越耐磨。

（2）尺寸变化测定法。

用测微卡尺或螺旋测微仪可精确测出零件某个部位磨损尺寸（长度、厚度或直径）的变化量。

（3）表面形貌测定法。

利用触针式表面形貌测量仪（轮廓仪、台阶仪）可以测出磨损前后表面粗糙度的变化。

摩擦磨损试验机的种类很多，有万能系列摩擦磨损试验机、四球系列摩擦磨损试验机、端面系列摩擦磨损试验机、环块系列摩擦磨损试验机、往复系列摩擦磨损试验机、高低温及真空等特殊工况系列摩擦磨损试验机。

本书以 MM-2000 型摩擦磨损试验机（见图 3-34）为例，介绍摩擦磨损试验过程及表征。该设备可用于各种金属材料及非金属材料（尼龙、塑料等）在滑动摩擦、滚动摩擦、滚滑复合摩擦和间歇接触摩擦等多种状态下的耐磨性能试验，用于评定材料的摩擦机理和测定材料的摩擦系数。并可模拟各种材料在干摩擦、湿摩擦、磨料磨损等不同工况下的摩擦磨损试验。

检测前，将带有激光熔覆层检测面的试样采用电火花切割的方法取样，由于熔覆后的

图 3-34　MM-2000 型摩擦磨损试验机

表面不平整，可以采用磨床磨平后再进行磨光，表面粗糙度小于 $1.6~\mu m$，试样的尺寸根据设备型号及夹具的尺寸而定。图 3-35 是济南方圆试验仪器有限公司生产的 MM-2000 型摩擦磨损试验机条状试样尺寸要求，此外，还可以加工成不同规格的环状试样。

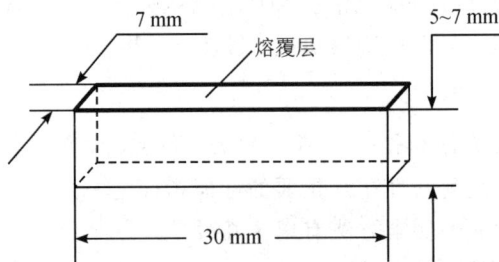

图 3-35　摩擦磨损条状试样尺寸

试样根据尺寸要求加工好以后，用酒精或专用清洗剂清洗，干燥好后待用。条状试样及磨轮装配如图 3-36 所示，磨轮材料采用高硬度的硬质合金或 W18Cr4V 高速钢，硬度在 63HRC 左右，之后要设置载荷 F、磨轮的转速 v 等。润滑条件为干摩擦，或采用 20 号机油

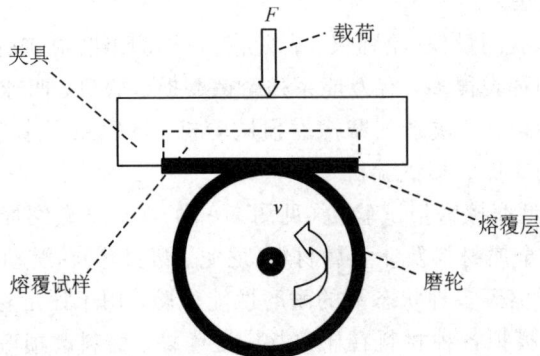

图 3-36　条状试样及磨轮装配示意图

润滑，5～6 滴/分钟。与其他试验相比，摩擦磨损试验受载荷、速度、温度、周围介质、表面粗糙度、润滑等因素的影响更大，在进行对比试验时，只有试验条件应尽可能保持一致，才能保证试验结果的可靠性。

　　摩擦磨损试验过程中，摩擦系数与时间的关系曲线会在设备上直接显示，如图 3 - 37 所示。

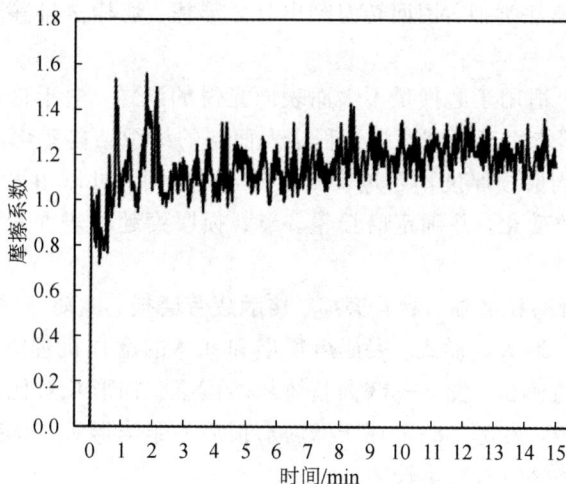

图 3 - 37　摩擦系数与时间关系图

　　摩擦系数是通过式(3 - 4)计算得到的。

$$f = \frac{M}{N \times r} \tag{3 - 4}$$

式中：f 为摩擦系数，无量纲；M 为摩擦力矩(kg/mm)；N 为载荷(kg)；r 为磨轮半径(mm)。

　　检测结束后，可以采用磨损量来表征耐磨性能，磨损量主要通过磨损失重、磨损体积或者磨损厚度来表示。

　　(1) 磨损失重。

　　磨损失重主要采用称重法，通过称量试验前后试样质量的变化量来确定磨损量。这种方法较为简单，应用广泛。常用的设备为精密分析天平，测量范围为 0～200 g，精度为 0.1 mg。由于测量范围的限制，称重法只能适用于小试样，且对于磨损失重较小的试样，误差较大。

　　除了直接测量试样质量的变化量，还可以将润滑油中所含的磨屑过滤或沉淀分离出来进行称量，同时还能对磨屑的组成进行化学分析。

　　(2) 磨损体积。

　　① 放射性同位素法：将摩擦表面用放射性同位素活化，使磨损过程中产生的磨屑具有放射性，通过定期检测润滑油中放射性强度来换算出磨损量随时间的变化量。放射性同位素法可准确测量磨损面整体的磨损量，灵敏度可达 10^{-7}～10^{-8} g，但无法对摩擦表面的磨损分布情况进行分析。

　　② 称重：通过称量磨损前后试样质量的变化量来换算磨损体积。

　　(3) 磨损厚度。

　　① 测长法：通过测量摩擦表面法向尺寸在试验前后的变化量来确定磨损量。常用的测

量仪器有千分尺、千分表、测长仪、测量显微镜等。为了便于测量，往往在摩擦表面做出测量基准，然后按照测量基准再度量摩擦表面的尺寸变化，目前常用的有压痕法和切槽法两种。

a. 压痕法：通过事先在试样表面压出压痕，再根据磨损前后压痕尺寸的变化来计算试样的磨损量。

b. 切槽法：与压痕法类似，用回转刀刻出月牙形槽，切槽法排除了弹性变形恢复和四周鼓起的影响。

压痕法和切槽法只适用于磨损量不大而表面光滑的试样，由于这两种方法都要局部破坏试样的表层，因此不能用于研究磨损过程中表面层的组织结构变化。

② 表面轮廓法：当磨损厚度不超过表面粗糙峰高度时，可以用表面轮廓仪直接测量磨损前后试件表面轮廓的变化，并确定磨损量。当磨损厚度超过表面粗糙度时，必须采用测量基准的方法。

此外，磨损形式有磨粒磨损、黏着磨损、接触疲劳磨损、微动磨损等。然而在实际运转条件下往往不止出现一种磨损形式。表征熔覆层和基体的磨损机理时，可以采用扫描电镜（SEM）对表面形貌进行测试，图 3-38 为基体与熔覆层磨损形貌对比图，图 3-38(a)表现出典型的黏着磨损形貌，图 3-38(b)属于磨粒磨损后的犁沟形貌。磨粒磨损属于轻微磨损，耐磨性较高，而黏着磨损的磨损量较多。

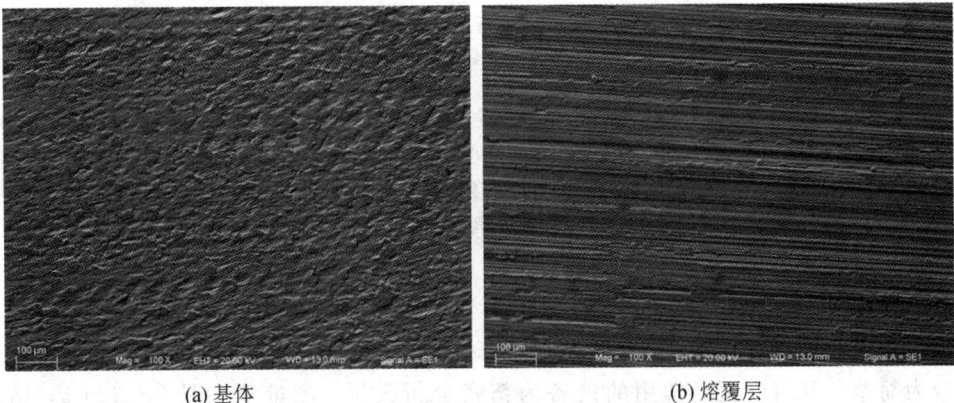

(a) 基体　　　　　　　　　　　(b) 熔覆层

图 3-38　基体与熔覆层磨损形貌对比

5. 耐腐蚀性能检测

工程材料应用于不同的场合，在一些强酸、强碱的环境下，对材料的耐腐蚀性能提出很高的要求。激光熔覆可以在耐腐蚀性能较差的廉价材料表面熔覆一层性能优异的熔覆层，提高表层的耐腐蚀性能，这是激光表面改性的优势之一。因此，激光熔覆后，对耐腐蚀性能的检测也是重要的内容之一。

概括起来，材料耐腐蚀性能的评价方法可分为三类：重量法、表面观察法和电化学测试法。

（1）重量法。

重量法是最基本的材料腐蚀性能检测方法之一，同时也是最为有效可信的定量评价方法。尽管重量法无法清楚地表征材料的腐蚀机理，但是通过测量材料在腐蚀前后重量的变化量,可以较为准确、可信地表征材料的腐蚀性能,这也是电化学等分析评价方法的基础。

采用重量法对材料进行腐蚀性能评价时,由于研究者采用的试样尺寸、腐蚀介质、试验温度等参数各异,因此数据的结果无法统一对比。目前,盐雾试验是工业界最为常用的评价方法,GB/T 10125—2012《人造气氛腐蚀试验 盐雾试验》中规定了中性盐雾(NSS)、乙酸盐雾(AASS)和铜加速乙酸盐雾(CASS)试验使用的设备、试剂和方法,盐雾试验适用于评价金属材料及覆盖层的耐腐蚀性,被检测对象可以是具有永久性或暂时性防腐蚀性能的材料,也可以是不具有永久性或暂时性防腐蚀性能的材料。

(2)表面观察法。

表面观察中,最常用的方法是显微观察,就是对受腐蚀的试样进行金相检测或断口分析,或者用扫描电镜、透射电镜、电子探针等做微观组织结构分析,据此可研究微细的腐蚀特征和腐蚀动力学。图3-39是采用扫描电镜对 Ti6Al4V 合金表面的腐蚀形貌进行观察的结果。

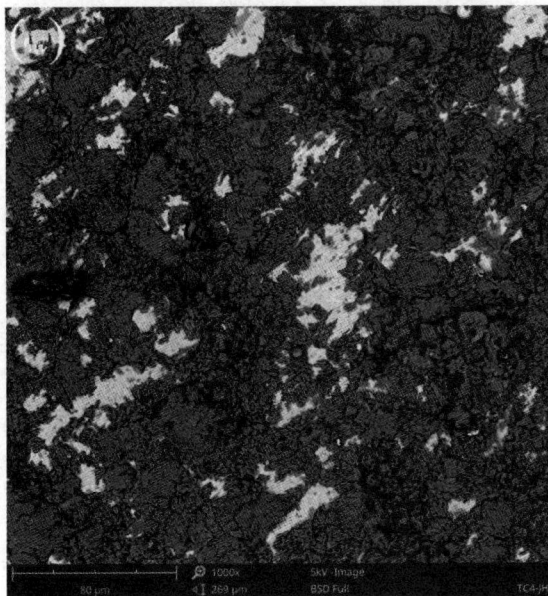

图 3-39　Ti6Al4V 合金表面腐蚀形貌

(3)电化学测试法。

电化学测试法是一种能够快速、准确地研究材料腐蚀的现代研究方法。由于材料的腐蚀大多属于电化学腐蚀,因此电化学测试法在腐蚀中的应用非常广泛。与前面两种方法相比,电化学测试法不但能够研究材料的腐蚀速度,还能够深入地研究材料的腐蚀机理。

电化学测试法按外加信号可以分为直流测试和交流测试;按体系状态也可以分为稳态测试和暂态测试。直流测试包括动电位极化曲线法、线性极化法、循环极化法、循环伏安法、恒电流法(或恒电位法)等;而交流测试则包括阻抗测试和电容测试。对于稳态测试方法,通常包括动电位极化曲线法、线性极化法、循环极化法、循环伏安法、电化学阻抗谱;而暂态测试包括恒电流法(或恒电位法)、电流阶跃法(或电位阶跃法)和电化学噪声法。在诸多的电化学测试方法中,动电位极化曲线法和循环极化法是最基本也是最常用的方法。

动电位极化曲线测试在电化学工作站中进行，如图 3-40 所示。

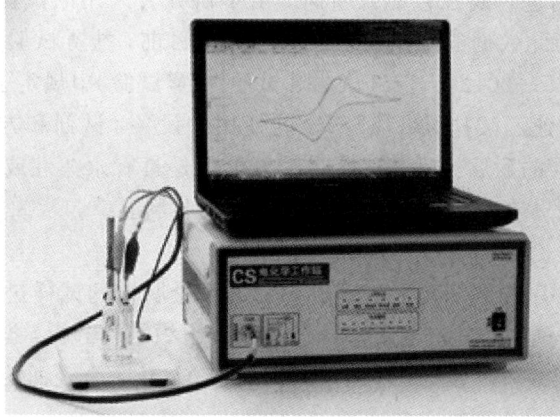

图 3-40　电化学工作站

该测试系统以饱和甘汞电极（SCE）为参比电极，铂片为辅助电极，试样为工作电极。试样作为工作电极需要连接导线，并且保证只有检测面暴露在溶液中，因此需要对试样进行制备。图 3-41 是国外的 Gamry Instruments 公司生产的工作电极试样装置，价格非常昂贵。

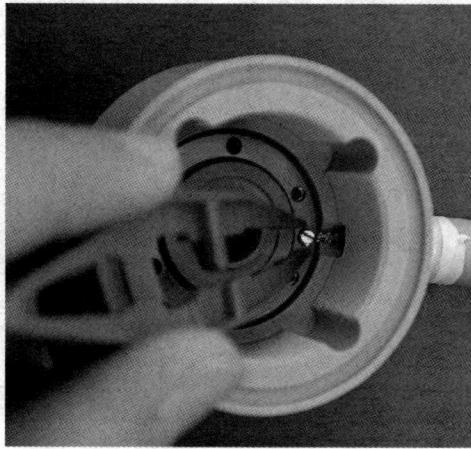

图 3-41　Gamry Instruments 公司生产的工作电极试样装置

本书根据编者的经验，推荐大家使用简单实用的制样方法，该方法基于金相试样的冷镶嵌方法，试样与导线之间采用锡焊，其实物图如图 3-42 所示，采用万用表检测焊接效果。

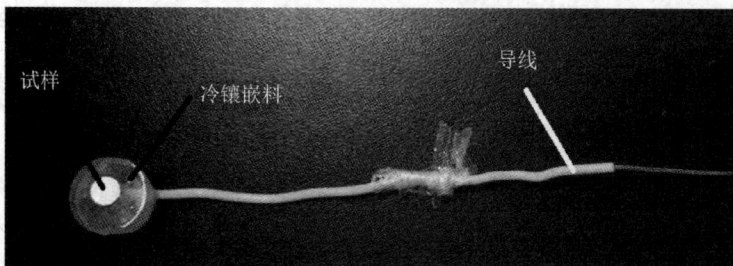

图 3-42　冷镶嵌法制备极化试验试样的实物图

　　测试之前，将试样用 SiC 砂纸磨至 2400♯，分别用丙酮、酒精、去离子水超声波清洗。在进行动电位极化曲线测试前，将试样浸泡在试验溶液中稳定一定时间，这个时间是由开路电位测试显示试样电位趋于稳定的时间。接着设置电位扫描速度、电位扫描区间。

　　用于表征腐蚀性能的两个重要参数：自腐蚀电位（E_{corr}）、自腐蚀电流密度（i_{corr}），是由试验所得到的极化曲线采用塔菲尔（Tafel）方法拟合得到的。塔菲尔曲线是指符合 Tafel 关系的曲线，一般指极化曲线中强极化区的一段曲线，该段曲线的"E - lg$i$ 曲线"在"Tafel区"中呈线性关系。一般设备自带的软件可自动进行塔菲尔拟合，也可手动进行拟合。如图 3 - 43 所示，在两条曲线上各取一点作两条切线（b_1 和 b_2），两条切线的交点对应的纵坐标的 i 值就是自腐蚀电流密度 i_{corr}，对应的横坐标的值就是自腐蚀电位 E_{corr}。

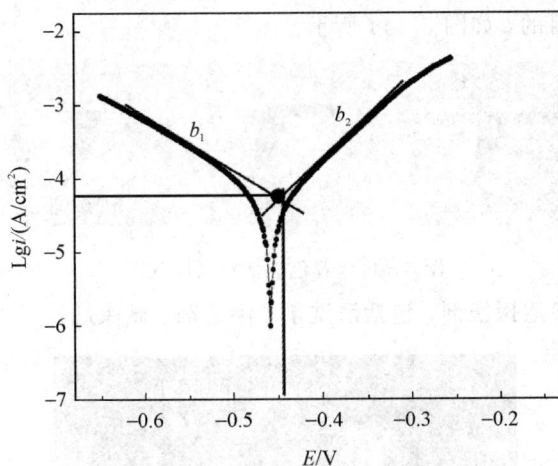

图 3 - 43　塔菲尔直线外推法求解腐蚀电流

　　此外，腐蚀速率 CR 可根据 ASTM　G102—89(2015)e1 标准计算得到，其计算方法为

$$CR = K \times \frac{i}{\rho} \times \frac{1}{\sum \dfrac{n_i f_i}{W_i}} \tag{3-5}$$

式中：K 为常数，3.27×10^{-3}（mm g/(μA cm yr)）；i 为电流密度（μA/cm^2）；ρ 为测试试样密度（g/cm^3）；n_i 为 i 元素原子价；f_i 为 i 元素的质量分数；W_i 为 i 元素的原子量。

　　由公式(3 - 5)可知，材料的腐蚀速率跟电流密度是呈正比的。如何根据测试得到的自腐蚀电位、自腐蚀电流密度来判断腐蚀性能的好坏呢？根据材料的腐蚀电化学行为，可以将材料分为两大类：活性溶解材料和钝性材料。对于不同种类的材料，在评价其耐腐蚀性能时要采用不同的标准。

　　对于活性溶解材料（镁合金、碳钢、低合金钢等），首先要看自腐蚀电流密度的大小，自腐蚀电流密度越小，材料的耐腐蚀性能越好。当材料的自腐蚀电流密度相差不大时，自腐蚀电位越高，材料的耐腐蚀性能越好。

　　对于钝性材料（铝合金、钛合金、不锈钢、镍合金、锆合金等），在评价此类材料的耐腐蚀性能时，应当评价材料钝化区的性能，而不仅仅比较材料的自腐蚀电流密度和自腐蚀电位。当击破电位越高，维钝电流越小，保护电位越高，其耐腐蚀性能越好。详细评价方法请大家参考电化学相关知识。

6. 探伤检测

常用的探伤方法有 X 射线探伤、超声波探伤、磁粉探伤、渗透探伤（着色探伤）、涡流探伤、γ 射线探伤、萤光探伤等。

着色探伤是无损检测的一种方法，它是一种表面检测方法，主要用来探测肉眼无法识别的裂纹之类的表面损伤，也称为 PT 检测。由于其投入少，操作简单，因此着色探伤被广泛应用于企业的实际生产中，如激光熔覆后材料近表面裂纹、气孔、夹杂等缺陷都可以采用着色探伤的方法进行检测。

着色探伤的原理是利用毛细现象使渗透液渗入缺陷，经清洗剂清洗后，表面的渗透液被清除，而缺陷中的渗透液残留，再利用显像剂的毛细管作用吸附出缺陷中残留的渗透液，从而达到检测缺陷的目的，如图 3-44 所示。

图 3-44　着色探伤检测原理图

图 3-45 是着色渗透探伤剂，包括清洗剂、渗透剂、显像剂。

图 3-45　PT-8 着色渗透探伤剂

着色探伤的检测流程如下：

（1）工件表面预清理。

在被检工件表面施加渗透剂前，应使用清洗剂将工件表面清洗干净，使得被检工件表面无油污、锈蚀、切屑、漆层及其他污物（激光熔覆后不应有氧化皮、熔渣、飞溅等污物），工件表面充分干燥后待用。

（2）着色渗透。

用渗透剂对已处理干净的工件表面均匀喷涂后，渗透 5～15 min。

（3）清洗、干燥。

在渗透 5～15 min 之后，施加显像剂之前：

① 要使用清洗剂将喷在工件表面的渗透剂清洗干净，使得被检工件表面要清洁。

② 将工件表面用干净的纱布擦干或在室温下自然干燥，并且注意清除多余的渗透剂时，应防止过清洗或清洗不足（保证工件表面没有渗透剂即可）。

（4）显像。

将显像剂充分摇匀后，对被检工件表面（已经清洗干净、干燥后的工件）保持 150～300 mm 的距离均匀喷涂，喷洒角度为 30°～40°，显像时间不小于 7 min。

（5）观察。

① 观察显示迹痕，应从施加显像剂后开始，直至迹痕的大小不发生变化为止，这个时间为 7～15 min，观察显像应在显像剂施加后 7～60 min 内进行。

② 观察显示迹痕，必须在充足的自然光或白光下进行。

③ 观察显示迹痕，可用肉眼或 5～10 倍放大镜。

④ 不能分辨真假缺陷迹痕时，应对该部位进行复试。

图 3 - 46 是激光熔覆试样着色探伤后的检测结果，如图所示，经过着色探伤检测后，着色剂能清晰地将渗透后的裂纹显现出来。

图 3 - 46　激光熔覆试样着色探伤检测结果

3.3　实例分析

实例：稀土氧化物掺杂对 Ni60AA-1.0SiC 熔覆层组织与性能的影响

本试验采用的是西安炬光科技的 FL-DLS21-Dlight 激光器及其配套装置，激光器的最大功率为 4 kW。送粉器采用天津工业大学激光工程中心研制的 SFK-2 型送粉控制器，自动送粉器在熔覆试验时产生熔池保护气氛，保护气为 Ar 气。控制编程器采用 CNC Serles K90Ti 型编程器。

试验方案是在 Ni60AA/SiC 合金粉末中加入不同质量分数的 Y_2O_3，见表 3-6。本试验主要研究 Y_2O_3 加入量的多少对熔覆层质量的影响。

表 3-6   激光熔覆试验方案设计表

试样编号	质量分数/wt. %		
	Ni60AA	SiC	Y_2O_3
1	99	1	—
2	98	1	1
3	97	1	2

为了使粉末混合得更均匀，预先将粉末在烘干机中烘干，然后按照试验方案配好比例，在真空混料机中将粉末混合 45 min。

激光熔覆试验前将粉末在 400℃ 的管式加热炉中预热，保证粉末的干燥，减少粉末熔点与基体熔点的差距对激光熔覆层性能造成的性能方面的缺陷。本试验的基材是 H13 模具钢，激光熔覆工艺参数如下：光斑大小为 10 mm×4 mm，激光功率为 1800 W，扫描速度为 4 mm/s，搭接率为 50%。运用氮气(N_2)进行同步送粉，送粉气压为 0.4 MPa。为了防止粉末在高温熔覆环境中氧化，达到保护熔池的效果，采用 0.2 MPa 的氩气(Ar)对熔池进行保护。

1. 稀土对熔覆层组织影响

图 3-47 是掺入不同质量分数的 Y_2O_3 的熔覆层组织。从图 3-47(a)、(b)中可以看出，没有加入 Y_2O_3 时，熔覆层硬化层内杂乱地分布着细小的枝晶，硬质相分布不均匀。当加入 1wt.% Y_2O_3 时，由图 3-47(c)、(d)可见，熔覆层顶端等轴晶较不加 Y_2O_3 时显得更加细小致密，且熔覆层与基体的界面形态也更平稳。当加入 2wt.% Y_2O_3 时，由图 3-47(e)、(f)可知，熔覆层树枝晶比加入 1% Y_2O_3 时增多，但等轴晶数量仍比不加 Y_2O_3 时多。等轴晶增多是因为稀土 Y_2O_3 的加入会形成新的物质，这些物质可以作为异质形核中心，生成的新相会压缩空间，阻碍树枝晶的生长，因此枝晶变细，晶枝颈缩断裂为等轴晶。由于空间被压缩，因此生长方向受到限制，分布显得混乱。

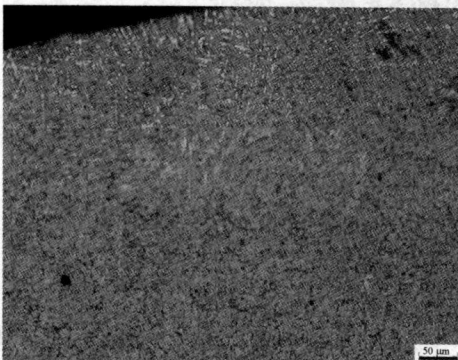

(a) Ni60AA/1.0wt.%SiC熔覆层顶部

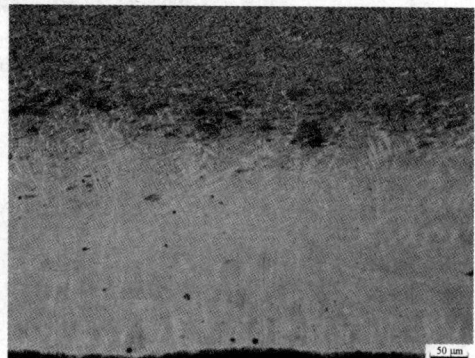

(b) Ni60AA/1.0wt.%SiC熔覆层底部

(c) Ni60AA/1.0wt.%SiC+1.0wt.%Y$_2$O$_3$熔覆层顶部　　　(d) Ni60AA/1.0wt.%+SiC+1.0wt.%Y$_2$O$_3$熔覆层底部

(e) Ni60AA/1.0wt.%SiC+2.0wt.%Y$_2$O$_3$熔覆层顶部　　　(f) Ni60AA/1.0wt.%SiC+2.0wt.%Y$_2$O$_3$熔覆层底部

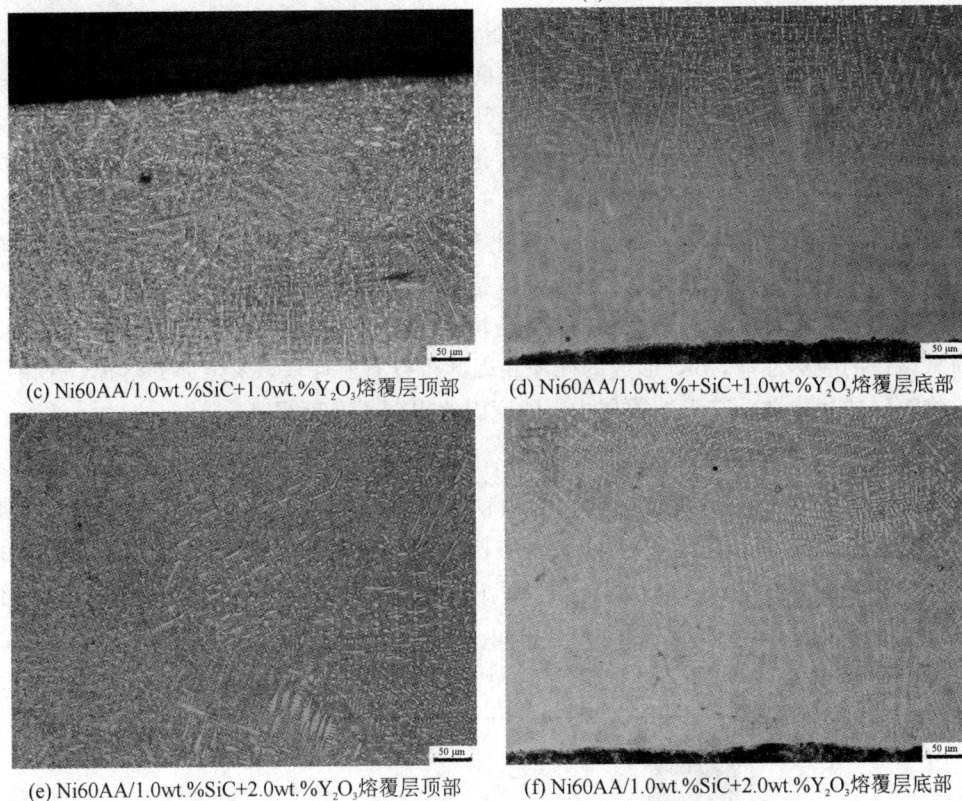

图 3-47　掺入不同质量分数 Y$_2$O$_3$ 的熔覆层组织

2. 稀土对熔覆层硬度的影响

图 3-48 是添加不同含量 Y$_2$O$_3$ 的熔覆层剖面上由熔覆层向基体打的显微硬度分布图，从图中可以发现，稀土 Y$_2$O$_3$ 的加入使得熔覆层的显微硬度最大值从未添加 Y$_2$O$_3$ 时的 755.4HV0.2 左右增加到 867.4HV0.2，最大硬度与基体相比提升了 73.5%，其原因主要

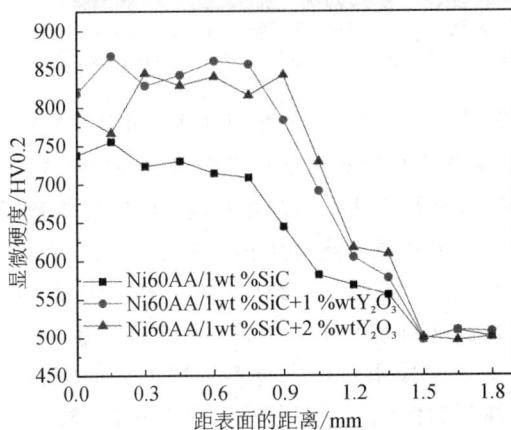

图 3-48　加入不同含量 Y$_2$O$_3$ 的熔覆层硬度

有以下几点：

（1）熔覆层的硬度受到金属材料抗变形能力的很大影响。在外力或内力的作用下，金属材料发生形变，当晶界的阻力增大时，晶粒间的传递变得困难，加上稀土 Y_2O_3 在熔覆层晶界处偏聚，阻碍离子通过，净化了晶界，提升了抗变形能力，从而使硬度也随之提升。

（2）稀土 Y_2O_3 的加入增加了熔覆层中碳化物的数量，碳化物变得更小，分布也更加均匀，因此熔覆层性能随之提升。

（3）稀土的加入使得熔覆层受到细晶强化和合金化强化作用，组织受到稀土的影响变细，晶粒的细化使得晶界面积变大，即出现位错强化效果，硬度因此有所提高。

稀土 Y_2O_3 的加入增加了异质形核点，晶粒得到细化，起到了变质剂的作用。Y_2O_3 改变了粉末整体的吸热性能，SiC 形成的硬质相因此得以有所保留，未全部解掉，保留下来的碳化物等硬质相弥散分布于熔覆层中，硬度因此得到了显著提高。

3. 稀土对熔覆层耐磨性能的影响

图 3-49 是基体与各熔覆试样磨损失重的对比图，从图中可以看出，对 H13 模具钢进行激光熔覆后，试样表面耐磨性与基体相比得到一定程度的提高。不添加 Y_2O_3 时，熔覆试样磨损失重为 6.9 mg；添加 1wt.％Y_2O_3 时，熔覆试样磨损失重为 4.3 mg；添加 2wt.％Y_2O_3 时，熔覆试样磨损失重为 6.5 mg。从以上结果可以看出，当添加 Y_2O_3 的含量为 1wt.％时，熔覆试样耐磨性能最好。

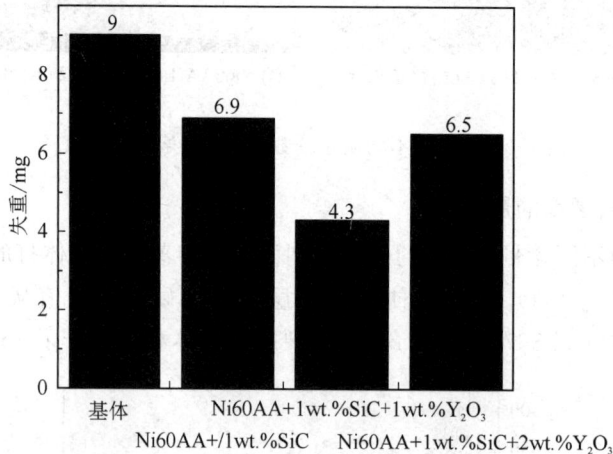

图 3-49　基体与各熔覆试样磨损失重的对比图

图 3-50 是 H13 模具钢基体与激光熔覆试验后各熔覆试样的磨损形貌图。图 3-50(a) 是基体磨损后表面形貌，磨粒磨损消失，不存在犁沟，出现整体剥落，沿滑动方向排列着磨损表层黏着后的形貌，发生黏着磨损，此时磨损机制主要以黏着磨损和氧化磨损为主。图 3-50(b) 是 Ni60AA+1wt.％SiC 的熔覆层磨损形貌，磨损表面光滑，存在少量犁沟，接触面之间存在硬质的颗粒，造成材料表面出现犁沟，整个面磨损均匀，此时磨损机制主要以黏着磨损和氧化磨损为主。由于采用此种合金粉末熔覆后的熔覆层硬度超过 700HV0.2，远高于基体硬度，因此整体耐磨性仍优于基体耐磨性。图 3-50(c) 是 Ni60AA＋1wt.％SiC＋1wt.％Y_2O_3 的熔覆层磨损形貌，存在磨粒磨损造成的犁沟形貌及黏着磨损的形貌，黏着磨损部分出现剥落情况，此时的磨损机制主要以磨粒磨损、黏着磨损和氧化磨损为主。

熔覆层显微硬度接近 850HV0.2，远高于基体硬度。图 3-50(d)是 Ni60AA+1wt.％ SiC+2wt.％Y_2O_3 的熔覆层磨损形貌，此时的磨损形貌类似于图 3-40(c)，但是犁沟形貌减少，部分磨粒磨损消失，发生黏着磨损，磨损量提升，磨损机制主要以黏着磨损、磨粒磨损和氧化磨损为主。

(a) 基体

(b) Ni60AA+1wt.%SiC

(c) Ni60AA+1wt.%SiC+1wt.%Y_2O_3

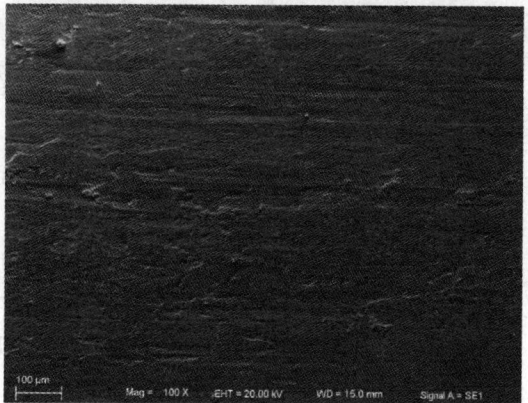

(d) Ni60AA+1wt.%SiC+2wt.%Y_2O_3

图 3-50　基体与各熔覆试样磨损形貌

第4章　激光焊接质量性能检测

4.1　激光焊接技术简介

4.1.1　激光焊接的基本原理

激光焊接是利用高能量密度的激光光束作为热源的一种高效精密焊接方法，是激光加工技术应用的重要方面之一。激光焊接常用的激光器是气体 CO_2 激光器和固体 YAG 激光器，依据激光器输出功率的大小和工作状态，激光器的工作方式分为连续输出方式和脉冲输出方式。被聚焦的激光光束照射到焊件表面的功率密度一般为 $10^4 \sim 10^7$ W/cm^2，其计算方式如下：

$$P = \frac{E}{S} = \frac{4E}{\pi d^2} \tag{4-1}$$

式中，P 为激光光斑的功率密度(J/mm^2)，E 为激光能量(J)，S 为激光光斑面积(mm^2)，d 为激光光斑直径(mm)。按功率密度的大小不同，激光焊接的机制可分为激光热传导焊接和激光深熔焊接。

激光热传导焊接通过控制激光脉冲的宽度、能量、峰值功率和重复频率等激光参数，使工件熔化，形成特定的熔池，如图 4-1 所示。激光直接穿透深度在微米量级，金属内部升温依靠热传导方式进行。激光功率密度一般在 $10^4 \sim 10^5$ W/cm^2，可使被焊接金属表面既能熔化又不会汽化，从而使焊件熔接在一起。

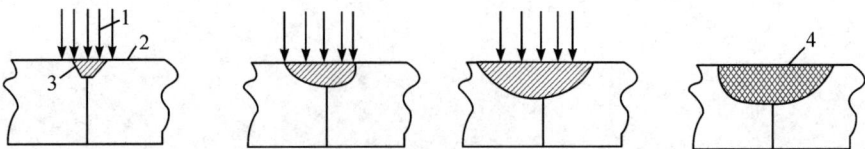

1—激光光束；2—焊接母材；3—熔池；4—焊缝。

(a) 激光热传导焊接原理示意图

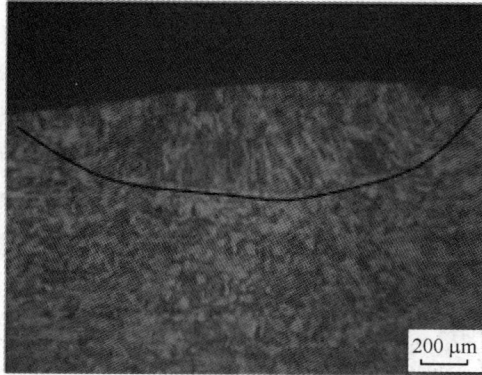

(b) 激光热传导焊接熔池形貌

图 4-1　激光热传导焊接

激光深熔焊接比激光热传导焊接需要更高的激光功率密度,一般需用连续输出的 CO_2 激光器,激光功率在 $200\sim3000$ W 的范围。激光深熔焊接如图 4-2 所示。

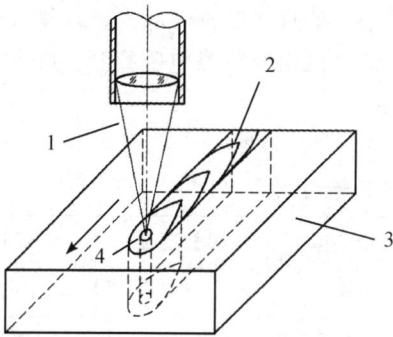

1—激光光束;2—焊缝;3—焊接母材;4—小孔。

(a) 激光深熔焊接原理示意图

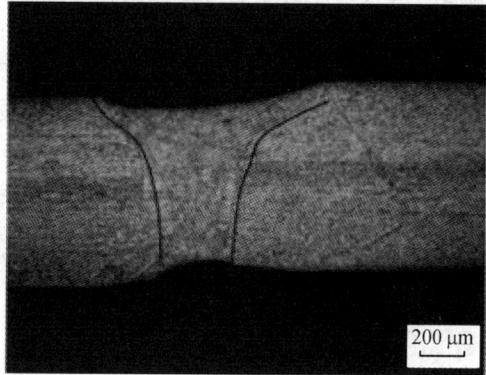

(b) 激光深熔焊接熔池形貌

图 4-2　激光深熔焊接

激光深熔焊接的机制与电子束焊接的机制相近,功率密度为 $10^6\sim10^7$ W/cm^2 的激光光束连续照射金属焊缝表面,通过"小孔"结构完成能量转换。在足够高功率密度的激光照射下,材料产生蒸发并形成小孔。这个充满蒸气的小孔犹如一个黑体,几乎吸收全部的入射光束能量,孔腔内平衡温度达 2500℃ 左右,热量从这个高温孔腔外壁传递出去,使包围着这个孔腔四周的金属熔化。小孔内充满在光束照射下壁体材料连续蒸发产生的高温蒸气,小孔四壁包围着熔融金属,液态金属四周包围着固体材料(而在大多数常规焊接过程和激光传导焊接过程中,能量首先沉积于工件表面,然后靠传递输送到内部)。孔壁外液体流动和壁层表面张力与孔腔内连续产生的蒸气压力相持并保持着动态平衡。光束不断进入小孔,小孔外的材料在连续流动,随着光束移动,小孔始终处于流动的稳定状态。也就是说,小孔和围着孔壁的熔融金属随着前导光束的前进而向前移动,熔融金属填充着小孔移开后留下的空隙并随之冷凝,于是形成焊缝。上述过程发生得如此快,使焊接速度很容易达到每分钟数米。

4.1.2 激光焊接的主要特点

与焊条电弧焊、埋弧焊、摩擦焊、气体保护焊等传统焊接方法相比，激光焊接具有以下优点：

（1）激光焊接精度高、质量好。激光焊接可降低焊接热量的需要量，热影响区金相变化范围小，且因热传导所导致的变形也低。激光焊接也可降低厚板焊接所需的时间，甚至可省掉填料金属的使用。激光焊接无须使用电极，故不存在电极污染或受损的顾虑；且因激光焊接不属于接触式焊接制程，故减少了机具的耗损及变形。

（2）激光焊接适用范围广。激光可以焊接各种异质（材料的成分、导电性、导热性等不同）材料。激光焊接焊道的深宽比可达 10∶1，非常适合焊接厚板。激光焊接不会像电弧焊般易有回熔的困扰，非常适合焊接薄材或细径线材。由于激光光束不会产生磁偏转，因此激光焊也非常适合焊接磁性材料。

（3）激光工艺简便，自动化程度高。激光焊接不需要真空条件，也不需要做 X 射线防护。激光光束易于聚焦、对准且受光学仪器所导引，可放置在离工件适当远的距离，也可在工件周围的机具或障碍间再导引，其他焊接法则因受到空间限制而无法发挥其作用。激光也可以焊接小型且间隔相近的工件或放置于封闭空间（经抽真空或内部气体环境在控制下）内的工件。激光焊接易于进行自动化高速焊接，也可以采用数位或电脑控制。此外，激光光束可以经过分光后传输至多个工作站进行同时焊接。

表 4-1 为不同焊接工艺的对比。

表 4-1　各种焊接工艺对比

焊接工艺	精度	变形	热影响区	焊缝质量	焊料
激光焊接	精密	小	很小	好	无
钎焊	粗糙	一般	一般	一般	需要
电阻焊	粗糙	大	大	一般	无
氩弧焊	一般	大	大	一般	需要
等离子焊	较好	一般	一般	一般	需要
电子束焊	精密	小	小	一般	无

除了上述诸多优点，激光焊接技术仍存在着下列问题有待改善：

（1）激光深熔焊接是通过高能量密度的激光光束作用于材料，从而使金属材料熔化和汽化，形成小孔，再反作用于熔池实现的。在此过程中大量的金属气体在激光的作用下发生电离，在熔池上方形成等离子云，这些等离子云对激光具有很强的反射和吸收作用，阻止了激光能量作用于材料，从而大大降低了激光能量的有效利用率。

（2）虽然激光光束能量集中、光斑较小这一特点使得被加工工件的精度有所提高，但是，一般用于激光焊接的光斑直径不超过 1 mm，这就要求工件待焊接面的拼接间隙要远小于这个值，否则将会导致大量的激光能量透过间隙造成损失。因此，对工件焊接处加工精度的要求很高，且对夹具装夹精度的要求也很高，这些都会成为焊接成本增加的原因。

（3）激光焊接为快热快冷的加工方法，在形成高质量焊缝的同时不可避免地会出现较大的应力，从而导致裂纹的产生。此外，激光焊接所得到的焊缝硬度一般远大于母材，导致产生硬度不均匀的现象，这也限制了该方法的应用范围。

（4）激光焊接可选用填丝或不填丝的方法，但采用填丝的方法会失去激光焊接大部分的优势，而采用不填丝的方法则会导致焊缝材料因工件拼接间隙的存在而不足，从而出现焊缝凹陷或焊接接头组织内部存在气孔的现象。

（5）激光焊接是以光能的形式为材料传递能量的。对于高反射率的材料，激光能量的直接利用率非常低，因此影响了其使用范围，例如铝、铜等材料需采取适当方法改善其对激光的吸收率才能使用激光焊接方法。

（6）激光焊接设备的成本远高于传统焊接设备，维护成本也较高，而且大功率激光器运行时对昂贵的焊接保护气体消耗巨大，这也导致了产品生产的平均成本提高，影响其市场竞争性。同时，激光器的输出镜工作环境恶劣，焊接时的飞溅物等易损坏镜片，导致这些光学器件成为易耗品，增大了加工成本。

4.1.3　激光焊接的影响因素

一般而言，激光焊接的影响因素有激光功率、激光脉冲波形、激光脉冲宽度、离焦量、焊接速度和保护气体等，具体如图 4 - 3 所示。

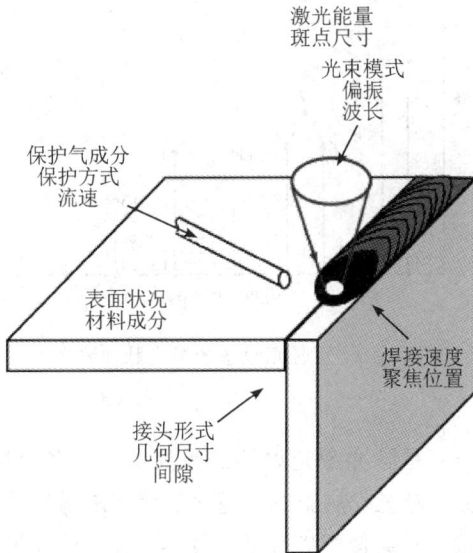

图 4 - 3　激光焊接的主要影响因素

1. 激光功率

激光功率是激光焊接技术的首选参数，只有保证了足够的激光功率，才能得到良好的焊接效果。激光功率较小时，虽然也能产生小孔效应，但有时焊接效果不好，焊缝内有气孔；加大激光功率时，焊缝内气孔将消失。因此，激光深熔焊接时，不要采用勉强能够产生小孔效应的最小功率，适当加大激光功率，可以提高焊接速度和熔深。只有当功率过大时，才会引起材料过分吸收，使小孔内气体喷溅，或焊缝产生疤痕，甚至使工件焊穿。

为使焊缝平整光滑，实际焊接时，激光功率在开始和结束时都设计有渐变过程，开始焊接时激光功率由小变大到预定值，结束焊接时激光功率由大变小，这样的渐变过程使得焊缝没有凹坑或斑痕。

2. 激光脉冲波形

激光热传导焊接使用重复脉冲(见图4-4)激光焊接材料,为了使焊接效果好,就要对激光脉冲波形有一定要求。

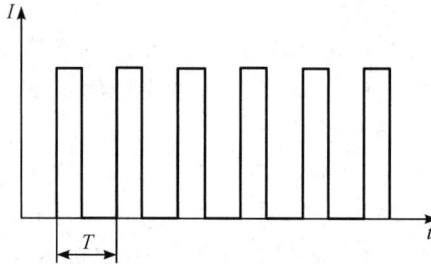

图4-4　重复脉冲

金属在常温下对激光的反射率较高,如钢铁类金属表面对1064 nm波长的YAG激光的反射率达60%,但金属表面温度升高以后,反射率迅速下降,金属对激光能量的吸收率很快增加。简单的方波脉冲通常会使焊斑熔化不好,流动性差,甚至出现裂纹,焊接效果不理想,因此,可以采用可任意设置的激光脉冲波形,如图4-5所示。

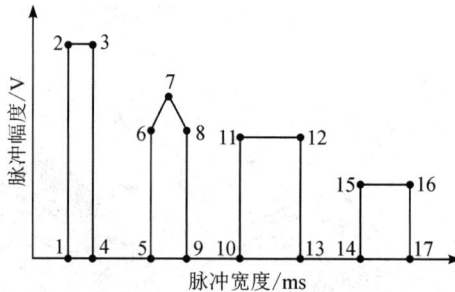

图4-5　可任意设置的激光脉冲波形

3. 激光脉冲宽度

脉冲宽度可简称为脉宽,是脉冲激光焊接的重要参数。多数情况下可根据熔深和对热影响区的要求确定脉宽。脉宽越长,热影响区越大,熔深随脉宽的1/2次方增加。

如果单纯增加脉冲宽度,只会使焊缝变宽、过熔,引起焊缝附近的金属氧化、变色甚至变形。因此,特殊要求较大熔深时,可使聚焦镜的焦点深入材料内部,此时焊缝处会发生轻微打孔以及部分熔化金属的汽化飞溅,焊缝表面平整度可能变差,但焊缝深度会变大。必要时,改变离焦量重复焊接一遍,可使焊缝表面光滑美观。

4. 离焦量

激光焊接通常需要一定的离焦量,因为激光焦点处光斑中心的功率密度过高,容易蒸发成孔。离开激光焦点的各平面上,功率密度分布相对均匀。离焦方式有两种:正离焦与负离焦。焦平面位于工件上方的离焦方式为正离焦,反之为负离焦,图4-6是焦平面示意图。按几何光学理论,当正、负离焦平面与焊接平面距离相等时,所对应平面上的功率密度近似相同,但实际上所获得的熔池形状有一定差异。负离焦时,可获得更大的熔深,这与熔池的形成过程有关。

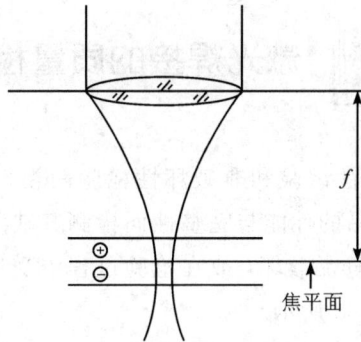

图 4 - 6　焦平面示意图

5. 焊接速度

焊接速度对熔深有较大的影响，提高速度会使熔深变浅，但速度过低又会导致材料过度熔化、工件焊穿。因此，对一定激光功率和一定厚度的特定材料应有一个合适的焊接速度范围，在其中某一速度值处可获得最大熔深。

6. 保护气体

激光焊接过程常使用惰性气体来保护熔池，例如，大多数应用场合常使用氦气、氩气、氮气等作为保护气体。保护气体的第二个作用是保护聚焦透镜免受金属蒸气污染和液体熔滴的溅射，在高功率激光焊接时，喷出物非常有力，此时保护透镜则更为必要。保护气体的第三个作用是可以有效驱散高功率激光焊接产生的等离子屏蔽。金属蒸气吸收激光光束电离成等离子体，如果等离子体存在过多，激光光束在某种程度上会被等离子体消耗掉。图 4 - 7 是带保护气体喷嘴的激光焊接头。

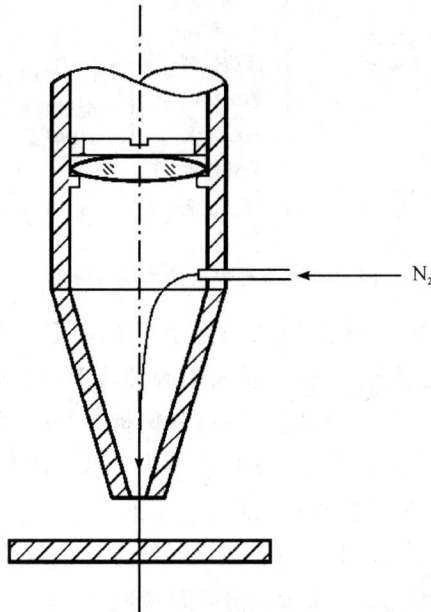

图 4 - 7　带保护气体喷嘴的激光焊接头

4.2 激光焊接的质量检测范围

焊接检测方法可分为破坏性试验和非破坏性检验两类。非破坏性检验又称为无损检测，是指不损坏被检材料或成品的性能与完整性而检测其缺陷的方法。破坏性试验是指需要从焊件上切取试样导致受检样品破坏，或在检验过程中受检样品被破坏的试验方法。具体的焊接检测项目分类如图4-8所示。

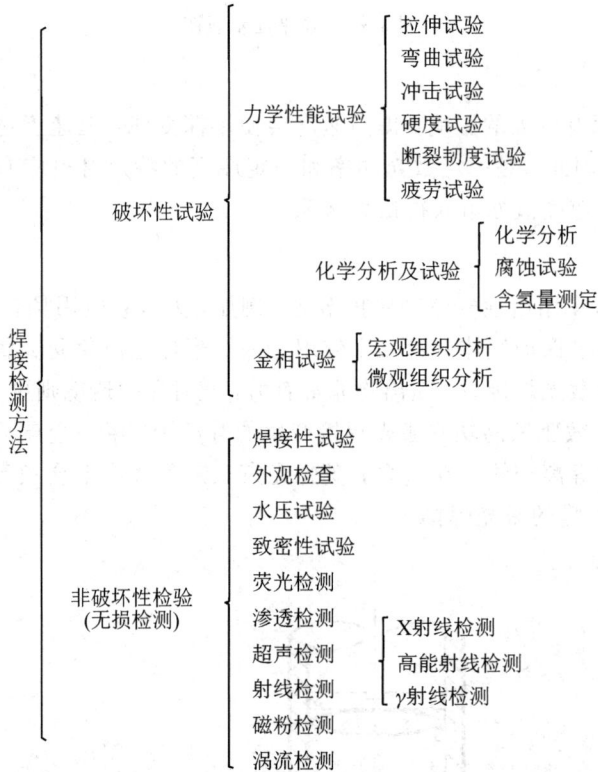

图 4-8 激光焊接检测项目分类

GB/T 6417.1—2005《金属熔化焊接头缺欠分类及说明》对焊接接头中的裂纹、气孔等缺欠的类型和位置做了详细说明。在焊接接头中因焊接而产生的金属不连续、不致密或者连接不良的现象，称为缺欠。除冶金缺欠(如成分偏析等)外，焊接过程的缺欠根据其性质和特征可以分为裂纹、孔穴、固体夹杂、未熔合及未焊透、形状和尺寸不良，以及其他缺欠等6个种类。依据标准，缺欠可以采用"缺欠＋标准标号＋代号"的方式表示，例如裂纹(100)可标记为缺欠 GB/T 6147.1—100。表4-2为焊接接头缺欠的种类和说明(源于GB/T 6417.1—2005《金属熔化焊接头缺欠分类及说明》)。

表4－2　焊接接头缺欠的种类及说明

代号	名称及说明	示意图
第1类　裂纹		
100	裂纹 一种在固态下由局部断裂产生的缺欠，它可能源于冷却或应力效果	
100	微观裂纹 在显微镜下才能观察到的裂纹	
101 1011 1012 1013 1014	纵向裂纹 基本与焊缝轴线相平行的裂纹。它可能位于： ——焊缝金属； ——熔合线； 　热影响区； ——母材	1) 1014 1013　1012　1011 1) 热影响区
102 1021 1023 1024	横向裂纹 基本与焊缝轴线相垂直的裂纹。它可能位于： ——焊缝金属； ——热影响区； ——母材	1024　1021 1023
103 1031 1033 1034	放射状裂纹 具有某一公共点的放射状裂纹。它可能位于： ——焊缝金属； 　热影响区； ——母材 注：这种类型的小裂纹被称为"星形裂纹"。	1034 1031 1033
104 1045 1046 1047	弧坑裂纹 在焊缝弧坑处的裂纹，可能是： 　纵向的； ——横向的； 　放射状的（星形裂纹）	1045 1046 1047

代号	名称及说明	示意图
105	间断裂纹群 一群在任意方向间断分布的裂纹,可能位于:	
1051	——焊缝金属;	
1053	——热影响区;	
1054	——母材	
106	枝状裂纹 源于同一裂纹并连在一起的裂纹群,它和间断裂纹群(105)及放射状裂纹(103)明显不同。枝状裂纹可能位于:	
1061	——焊缝金属;	
1063	——热影响区;	
1064	——母材	
	第2类 孔穴	
200	孔穴	
201	气孔 残留气体形成的孔穴	
2011	球形气孔 近似球形的孔穴	
2012	均布气孔 均匀分布在整个焊缝金属中的一些气孔;有别于链状气孔(2014)和局部密集气孔(2013)	
2013	局部密集气孔 呈任意几何分布的一群气孔	

续表二

代号	名称及说明	示 意 图
2014	链状气孔 与焊缝轴线平行的一串气孔	
2015	条形气孔 长度与焊缝轴线平行的非球形长气孔	
2016	虫形气孔 因气体逸出而在焊缝金属中产生的一种管状气孔穴。其形状和位置由凝固方式和气体的来源所决定。通常这种气孔成串聚集并呈鲱骨形状。有些虫形气孔可能暴露在焊缝表面上	
2017	表面气孔 暴露在焊缝表面的气孔	
202	缩孔 由于凝固时收缩造成的孔穴	
2021	结晶缩孔 冷却过程中在树枝晶之间形成的长形收缩孔，可能残留有气体。这种缺欠通常可在焊缝表面的垂直处发现	
2024	弧坑缩孔 焊道末端的凹陷孔穴，未被后续焊道消除	

续表三

代号	名称及说明	示意图
2025*	末端弧坑缩孔 减少焊缝横截面的外露缩孔	 2025
203*	微型缩孔 仅在显微镜下可以观察到的缩孔	
2031*	微型结晶缩孔 冷却过程中沿晶界在树枝晶之间形成的长形缩孔	
2032*	微型穿晶缩孔 凝固时穿过晶界形成的长形缩孔	
第3类　固体夹杂		
300	固体夹杂 在焊缝金属中残留的固体杂物	
301 3011 3012 3014*	夹渣 残留在焊缝金属中的熔渣。根据其形成的情况，这些夹渣可能是： ——线状的； ——孤立的； ——成簇的	 3011　3012 3014
302 3021 3022 3024*	焊剂夹渣 残留在焊缝金属中的焊剂渣。根据其形成的情况，这些夹渣可能是： ——线状的； ——孤立的； ——成簇的	参见3011～3014
303 3031* 3032* 3033*	氧化物夹杂 凝固时残留在焊缝金属中的金属氧化物。 这种夹杂可能是： ——线状的； ——孤立的； ——成簇的	参见3011～3014
3034	皱褶 在某些情况下，特别是铝合金焊接时，因焊接熔池保护不善和紊流的双重影响而产生大量的氧化膜	

代号	名称及说明	示 意 图
304	金属夹杂 残留在焊缝金属中的外来金属颗粒。其可能是：	
3041	——钨；	
3042	——铜；	
3043	——其他金属	
第4类 未熔合及未焊透		
401 4011 4012 4013	未熔合 焊缝金属和母材或焊缝金属各焊层之间未结合的部分，可能是如下某种形式： ——侧壁未熔合； ——焊道间未熔合； ——根部未熔合	4011 4012 4012 4012 4013 4013
402	未焊透 实际熔深与公称熔深之间的差异	a b　402 a b a　402 a b　402 ª实际熔深；ᵇ公称熔深

续表五

代号	名称及说明	示意图
4021*	根部未焊透 根部的一个或两个熔合面未熔化	
403*	钉尖 电子束或激光焊接时产生的极不均匀的熔透，呈锯齿状。这种缺欠可能包括孔穴、裂纹、缩孔等	
第 5 类　形状和尺寸不良		
500	形状不良 焊缝的外表面形状或接头的几何形状不良	
501*	咬边 母材(或前一道熔敷金属)在焊趾处因焊接而产生的不规则缺口	
5011	连续咬边 具有一定长度、且无间断的咬边	
5012	间断咬边 沿着焊缝间断、长度较短的咬边	
5013	缩沟 在根部焊道的每侧都可观察到的沟槽	

代号	名称及说明	示意图
5014*	焊道间咬边 焊道之间纵向的咬边	
5015*	局部交错咬边 在焊道侧边或表面上，呈不规则间断的、长度较短的咬边	
502	焊缝超高 对接焊缝表面上焊缝金属过高	
503	凸度过大 角焊缝表面上焊缝金属过高	
504 5041 5042* 5043*	下塌 过多的焊缝金属伸出到了焊缝的根部。 下塌可能是： ——局部下塌； ——连续下塌； ——熔穿	
505	焊缝形面不良 母材金属表面与靠近焊趾处焊缝表面的切面之间的夹角 α 过小	

代号	名称及说明	示意图
506 5061* 5062*	焊瘤 覆盖在母材金属表面，但未与其熔合的过多焊缝金属。 焊瘤可能是： ——焊趾焊瘤，在焊趾处的焊瘤； ——根部焊瘤，在焊缝根部的焊瘤	
507 5071* 5072*	错边 两个焊件表面应平行对齐时，未达到规定的平行对齐要求而产生的偏差。 错边可能是： ——板材的错边，焊件为板材； ——管材错边，焊件为管子	
508	角度偏差 两个焊件未平行（或未按规定角度对齐）而产生的偏差	
509 5091 5092 5093 5094	下垂 由于重力而导致焊缝金属塌落。 下垂可能是： ——水平下垂； ——在平面位置或过热位置下垂； ——角焊缝下垂； ——焊缝边缘熔化下垂	
510	烧穿 焊接熔池塌落导致焊缝内的孔洞	
511	未焊满 因焊接填充金属堆敷不充分，在焊缝表面产生纵向连续或间断的沟槽	

代号	名称及说明	示 意 图
512	焊脚不对称 勿需说明	 ª正常形状；ᵇ实际形状
513	焊缝宽度不齐 焊缝宽度变化过大	
514	表面不规则 表面粗糙过度	
515	根部收缩 由于对接焊缝根部收缩产生的浅沟槽(也可参邮 5013)	
516	根部气孔 在凝固瞬间焊缝金属析出气体而在焊缝根部形成的多孔状孔穴	
517 5171* 5172*	焊缝接头不良 焊缝再引弧处局部表面不规则。它可能发生在： ——盖面焊道； ——打底焊道	
520*	变形过大 由于焊接收缩和变形导致尺寸偏差超标	
521*	焊缝尺寸不正确 与预先规定的焊缝尺寸产生偏差	
5211*	焊缝厚度过大 焊缝厚度超过规定尺寸	 ª公称厚度；ᵇ公称宽度
5212*	焊缝宽度过大 焊缝宽度超过规定尺寸	

代号	名称及说明	示意图
5213*	焊缝有效厚度不足 角焊缝的实际有效厚度过小	 ª公称厚度；ᵇ实际厚度
5214*	焊缝有效厚度不足 角焊缝的实际有效厚度过大	 ª公称厚度；ᵇ实际厚度
	第6类 其他缺欠	
600	其他缺欠 从第1类～第5类未包含的所有其他缺欠	
601	电弧擦伤 由于在坡口外引弧或起弧而造成焊缝邻近母材表面处局部损伤	
602	飞溅 焊接(或焊缝金属凝固)时,焊缝金属或填充材料崩溅出的颗粒	
6021	钨飞溅 从钨电极过渡到母材表面或凝固焊缝金属的钨颗粒	
603	表面撕裂 拆除临时焊接附件时造成的表面损坏	
604	磨痕 研磨造成的局部损坏	
605	凿痕 使用扁铲或其他工具造成的局部损坏	
606	打磨过量 过度打磨造成工件厚度不足	

代号	名称及说明	示意图
607 * 6071 * 6072 *	定位焊缺欠 定位焊不当造成的缺欠,如: ——焊道破裂或未熔合; ——定位未达到要求就施焊	
608 *	双面焊道错开 在接头两面施焊的焊道中心线错开	 608
610 *	回火色(可观察到氧化膜) 在不锈钢焊接区产生的轻微氧化表面	
613 *	表面鳞片 焊接区严重的氧化表面	
614 *	焊剂残留物 焊剂残留物未从表面完全消除	
615 *	残渣 残渣未从焊缝表面完全消除	
617 *	角焊缝的根部间隙不良 被焊工件之间的间隙过大或不足	617
618 *	膨胀 凝固阶段保温时间加长使轻金属接头发热而造成的缺欠	618
注:符号"＊"表示新列入的缺欠种类。		

4.2.1　激光焊接试件的形状尺寸要求

　　GB/T 29710—2013《电子束及激光焊接工艺评定试验方法》对激光焊接件的形状和尺寸,以及相对焊接件的检测范围、检测种类及检测评级均做出了详细规定,我们在做激光焊接工艺评定时需要严格执行这个标准,同时,在做实际激光焊接产品质量性能检测的时候,也可以参照此标准进行。

　　总的来讲,试件应具有足够的尺寸以满足试验需要,产品标准或规范有要求时,板材试样应做轧制方向标记。试件的形状和尺寸要求如下。

1. 板对接焊缝试件

板对接焊缝试件如图 4-9 所示。

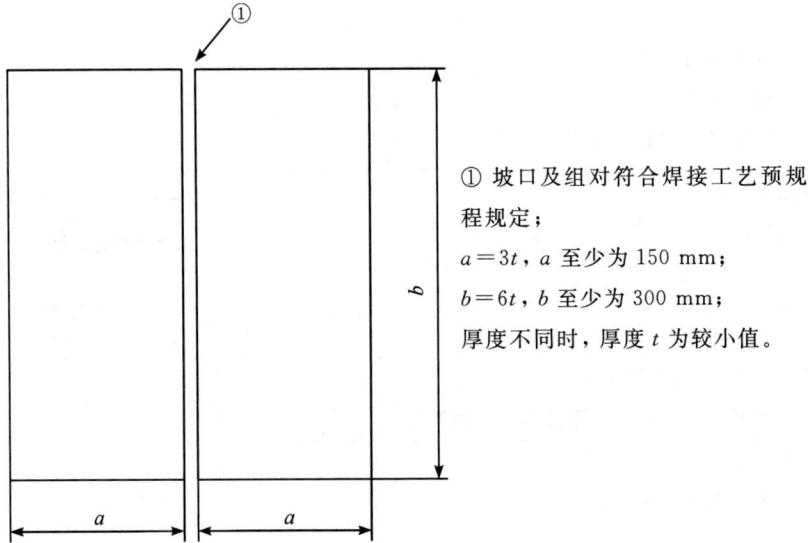

① 坡口及组对符合焊接工艺预规
程规定；
$a=3t$，a 至少为 150 mm；
$b=6t$，b 至少为 300 mm；
厚度不同时，厚度 t 为较小值。

图 4-9　板对接焊缝试件

2. 管对接焊缝试件

管对接焊缝试件应按照图 4-10 和图 4-11 制备。对于直径 D 在 150 mm 以上且大于 $20t$ 的
管子，其焊接工艺评定可在板对接焊缝上进行，试验应考虑焊缝的搭接和功率衰减的部位。

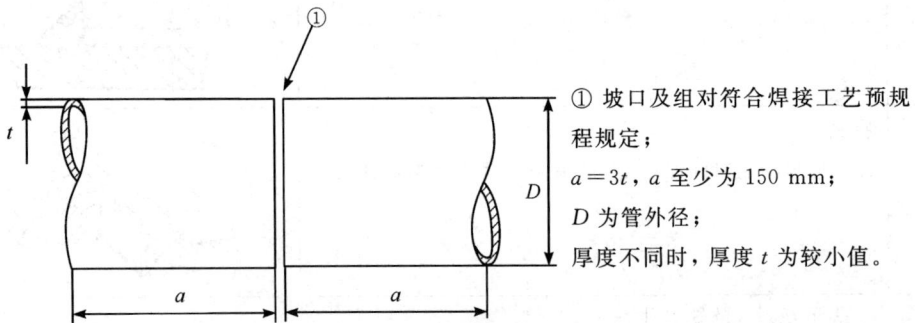

① 坡口及组对符合焊接工艺预规
程规定；
$a=3t$，a 至少为 150 mm；
D 为管外径；
厚度不同时，厚度 t 为较小值。

图 4-10　管子径向对接焊缝试件

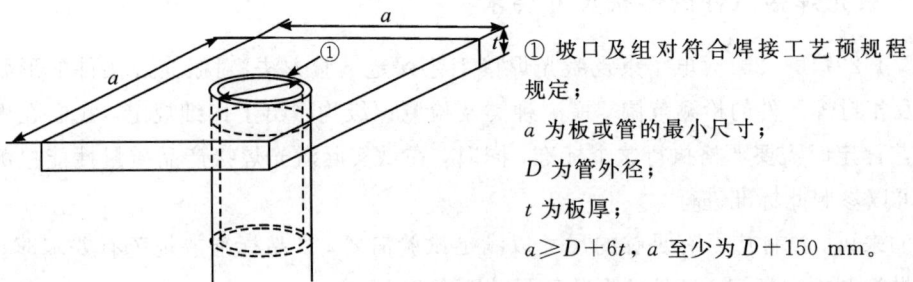

① 坡口及组对符合焊接工艺预规程
规定；
a 为板或管的最小尺寸；
D 为管外径；
t 为板厚；
$a\geqslant D+6t$，a 至少为 $D+150$ mm。

图 4-11　管或管板轴向对接焊缝试件

3. T 型接头试件

T 型接头试件如图 4 - 12 所示,可以分为:(a)单面焊 T 型对接;(b)双面焊 T 型对接;(c)单面或双面焊角焊缝(不完全熔透);(d)T 型穿透焊缝。

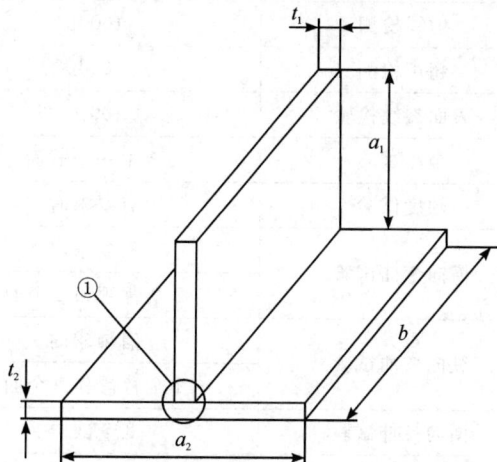

① 坡口及组对符合焊接工艺预规程规定;

对于(a)、(b)、(c)形式:

$a_1 \geqslant 6t_1$, a_1 至少为 50 mm;

$a_2 \geqslant 6t_1$, a_2 至少为 100 mm;

$b \geqslant 300$ mm;

t_1、t_2 为板厚。

对于(d)形式:

$a_1 \geqslant 6t_2$, a_1 至少为 50 mm;

$a_2 \geqslant 6t_2$, a_2 至少为 100 mm;

$b \geqslant 300$ mm。

图 4 - 12　T 型接头试件

4. 搭接穿透焊缝试件

此类试件可以由双层板组成,也可以由三层或者更多层板组成。焊缝可以是全焊透焊缝,也可以是不完全焊透焊缝。图 4 - 13 为搭接穿透焊缝(双层)示意图。

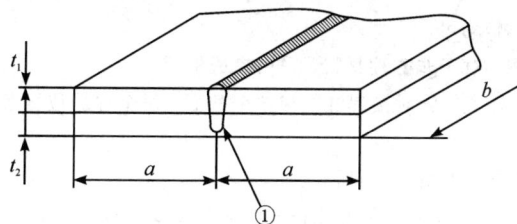

① 坡口及组对符合焊接工艺预规程规定;
$a \geqslant 4(t_1+t_2)$, a 至少为 100 mm;
$b \geqslant 300$ mm;
t_1 和 t_2 为厚度。

图 4 - 13　搭接穿透焊缝(双层)示意图

4.2.2　激光焊接焊缝检测的种类与范围

试验和检验包括破坏性试验和无损检测。以 B 级焊缝为例,介绍激光焊接焊缝的试验/检验的种类与范围,具体见表 4 - 2。

表 4 - 2　B 级焊缝试验/检验的种类与范围

试件	试验/检验种类	试验/检验范围	备注
对接焊缝	目视检验	100%	—
	射线检测	100%	a
	超声检测	100%	a
	表面裂纹检验	100%	b
	金相试验	至少一个截面	c
	硬度试验	有要求时	d
	横向弯曲试验	有要求时	e
		2个背弯和2个面弯	—
	纵向弯曲试验	有要求时	f
		1个背弯和1个面弯	—
	横向拉伸试验	2个试样	g
	韧性试验	1组试样	b
T型接头	目视检验	100%	—
	表面裂纹检验	100%	b
	超声检测	100%	i
	硬度试验	有要求时	
	金相试验	2个截面	c
	其他试验	有要求时	—
搭接焊缝	目视检验	100%	—
	金相试验	2个截面	c
	其他试验	有要求时	—

a：射线检测（或超声检测）均可。

b：渗透检测或磁粉检测。对于非磁性材料，采用渗透检验。

c：板对接焊缝要求1个截面；管对接焊缝要求3个截面；每个焊缝位置各1个，这些截面做宏观或微观金相组织分析。

d：是否做硬度试验，视母材和焊材条件而定。

e：当厚度大于 20 mm 时，可用 4 个侧弯代替 2 个面弯和 2 个背弯。

f：异质接头性能不均匀时可用纵向弯曲试验代替横向弯曲试验。

g：不适用于管或管板轴向对接焊缝试件。

h：根据材料和厚度情况，可从焊缝（或热影响区）处截取 1 组（或多组）试样。母材有韧性要求时，才考虑做冲击试验。无检验温度规定时，可仅考虑室温韧性。具有韧性试验要求时，在使用填充材料的情况下，应从焊缝的表层或根部区域取附加的冲击试样。

i：通过其他方法无法验证焊接工艺规程（Welding Procedure Specification，WPS）时，应考虑做附加试验来验证构件的力学性能。

j：超声衰减（或材料厚度的原因）而使超声检测无法实施的情况除外。

C 级焊缝与 D 级焊缝的试验/检验的种类与范围，参见 GB/T 29710—2013《电子束及激光焊接工艺评定试验方法》，此处不再详细列举。

4.2.3　激光焊接焊缝的取样位置

板对接焊缝、管子对接焊缝、单面焊（或双面焊）的 T 型接头对接焊缝或角焊缝（不完全熔透）、T 型接头穿透焊缝、搭接穿透焊缝的试样截取位置分别如图 4-14、图 4-15、图 4-16、图 4-17、图 4-18 所示。

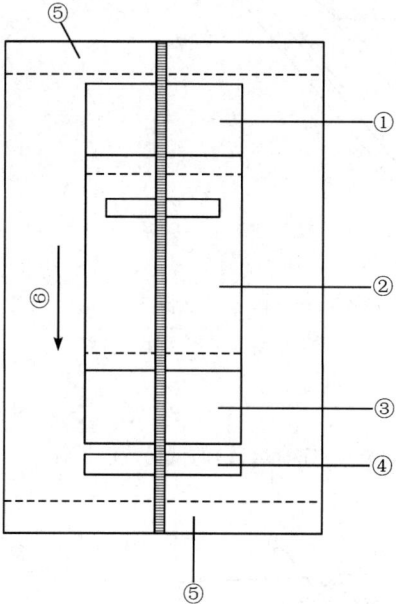

区域①可截取一个拉伸试样，一个面弯和一个背弯试样或两个侧弯试样；

区域②可截取冲击和附加试样（有要求时）；

区域③可截取一个拉伸试样，一个面弯和一个背弯试样或两个侧弯试样；

区域④可截取金相试样/硬度试样（有要求时）；

区域⑤去除，$t \leqslant 25$ mm 时，去除 25 mm；$t > 25$ mm 时，至少去除 50 mm；

⑥为焊接方向。

图 4-14　板对接焊缝的试样截取位置

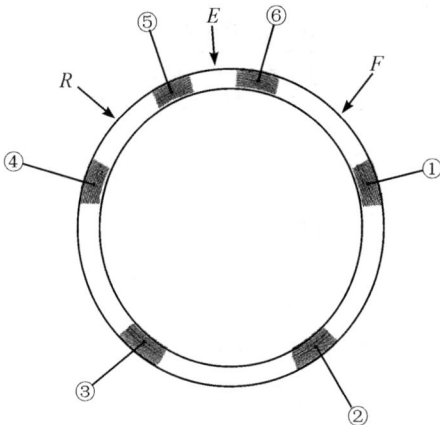

区域①可截取一个拉伸试样，一个面弯和一个背完试样或两个侧弯试样[a]；

区域②可截取冲击和附加试样（有要求时）[a]；

区域③可截取一个拉伸试样，一个面弯和一个背弯或两个侧弯试样[a]；

区域④可截取金相试样/硬度试样（有要求时）[a]；

区域⑤可截取一个金相试样；

区域⑥可截取一个金相试样；

R 为开始搭接的部位；E 为束流功率开始衰减的部位；F 为束流功率结束衰减的部位。

[a] 指①、②、③、④区应避开 RE 和 EF 区域，而且全位置焊接时，每个标准焊接位置应做附加金相检验。

图 4-15　管子对接焊缝的试样截取位置

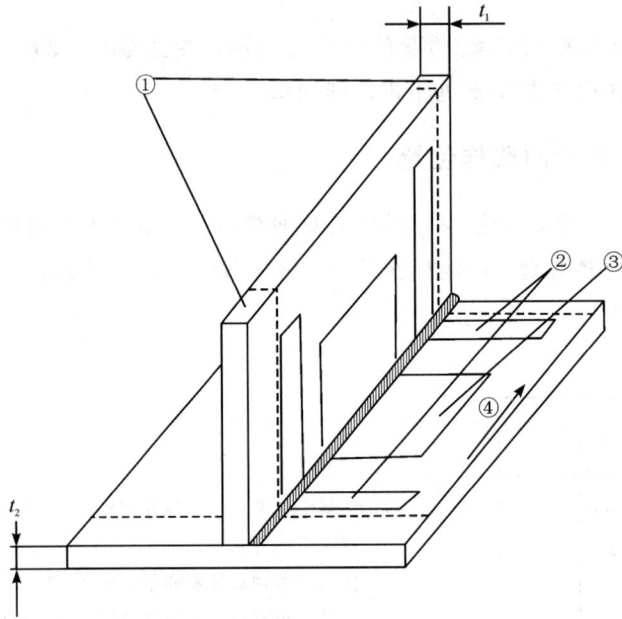

区域①去除，t_1（或 t_2）≤25 mm 时，去除 25 mm；t_1（或 t_2）>25 mm 时，至少去除 50 mm；

区域②可截取金相试样/硬度试样（有要求时）；

区域③可截取其他试样；

④为焊接方向。

图 4-16　单面焊（或双面焊）的 T 型接头对接焊缝或角焊缝（不完全熔透）的试样截取位置

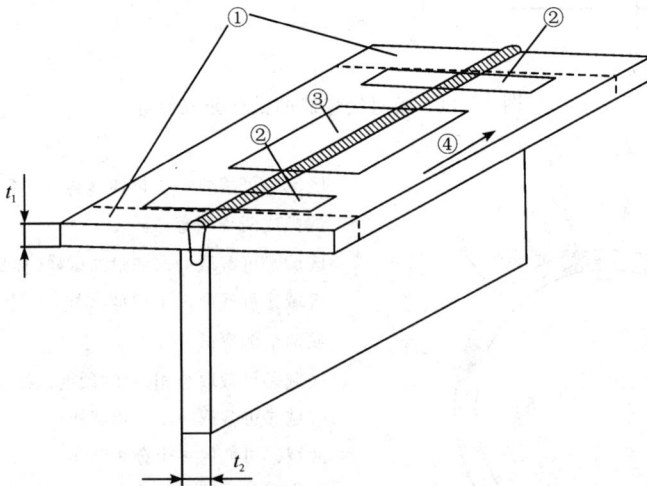

区域①去除，t_1（或 t_2）≤25 mm 时，去除 25 mm；t_1（或 t_2）>25 mm 时，至少去除 50 mm；

区域②可截取金相试样/硬度试样（有要求时）；

区域③可截取其他试样；

④为焊接方向。

图 4-17　T 型接头穿透焊缝的试样截取位置

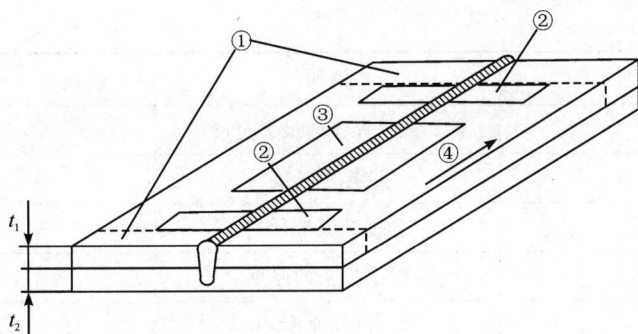

区域①去除，t_1（或 t_2）≤25 mm 时，去除 25 mm；t_1（或 t_2）>25 mm 时，至少去除 50 mm；

区域②可截取金相试样/硬度试样（有要求时）；

区域③可截取其他试样；

④为焊接方向。

图 4-18 搭接穿透焊缝的试样截取位置

4.3 激光焊接质量的破坏性检测

激光焊接试件检测中的破坏性试验主要包括拉伸试验、冲击试验、硬度试验、金相试验等，下面将根据 GB/T 2651—2008《焊接接头拉伸试验方法》、GB/T 2650—2008《焊接接头冲击试验方法》和 GB/T 26955—2011《金属材料焊缝破坏性试验 焊缝宏观和微观检验》等国标对上述检测方式所涉及的制样标准、检验设备与使用要求进行讲解，并结合一定的实例进行分析。

4.3.1 焊接接头的拉伸试验

GB/T 2651—2008《焊接接头拉伸试验方法》中规定了金属材料熔化焊接接头拉伸试验的程序及试样尺寸要求，可以适用于对激光焊接试件的质量分析。

1. 拉伸试验制样要求

表 4-3 为激光焊接接头拉伸试验所使用的符号及相应说明。

表 4-3 符 号 及 说 明

符号	说明	单位
b	平行长度部分宽度	mm
b_1	夹持端宽度	mm
d	管塞直径	mm
D	管外径	mm
L_c	平行长度	mm
L_0	原始标距	mm

符号	说明	单位
L_s	加工后焊缝的最大宽度	mm
L_t	试样总长度	mm
r	过渡弧半径	mm
t	焊接接头的厚度	mm
t_s	试样厚度	mm

1）取样位置

试样应从焊接接头上垂直于焊缝轴线的方向截取，试样加工完成后，焊缝的轴线应位于试样平行长度部分的中间。对小直径管试样可采用整管。相关标准或协议并未做特殊规定时，"小直径管"是指外径小于或等于 18 mm 的管子。

试样厚度 t_s 一般应与焊接接头的厚度 t 相等（如图 4-19(a)中所示）。当相关标准要求进行全厚度试验，但焊接接头的厚度 t 超过 30 mm 时，可从接头截取若干个试样覆盖整个厚度，见图 4-19(b)和图 4-19(c)。在这种情况下，试样相对接头厚度的位置应做相应记录。

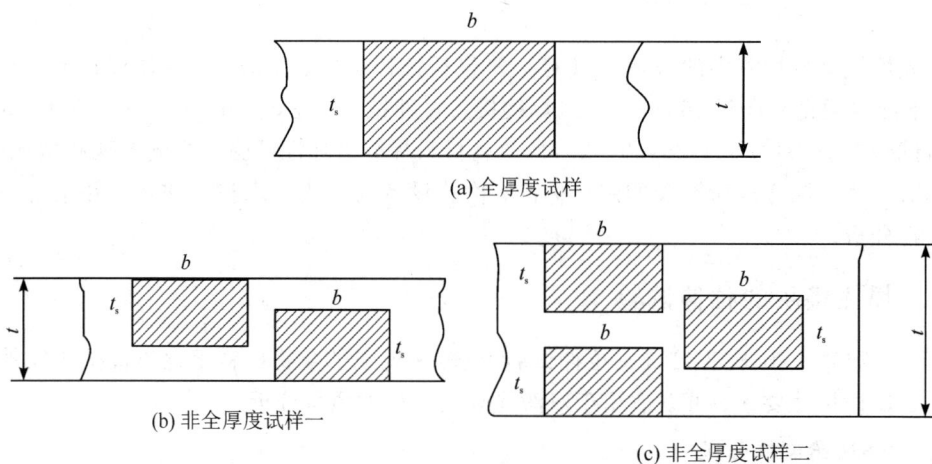

(a) 全厚度试样

(b) 非全厚度试样一

(c) 非全厚度试样二

图 4-19 激光焊接试件取样位置示例

2）试样形状

试样形状主要包括板和管接头板状试样、整管试样和实心圆柱形试样，具体如图 4-20、图 4-21、图 4-22 所示。

3）取样方式

取样所采用的机械加工方法或热加工方法不得对试样性能产生影响，推荐的方法有电火花线切割或锯切割等。

对于激光焊接的钢件，厚度超过 8 mm 时，不得采用剪切方法。当采用热切割方法或者可能影响切割面性能的其他切割方法从焊件或试件上截取试样时，应确保所有切割面距离试样的表面至少 8 mm 以上。平行于焊件或试件的原始表面的切割，不得采用热切割方法。

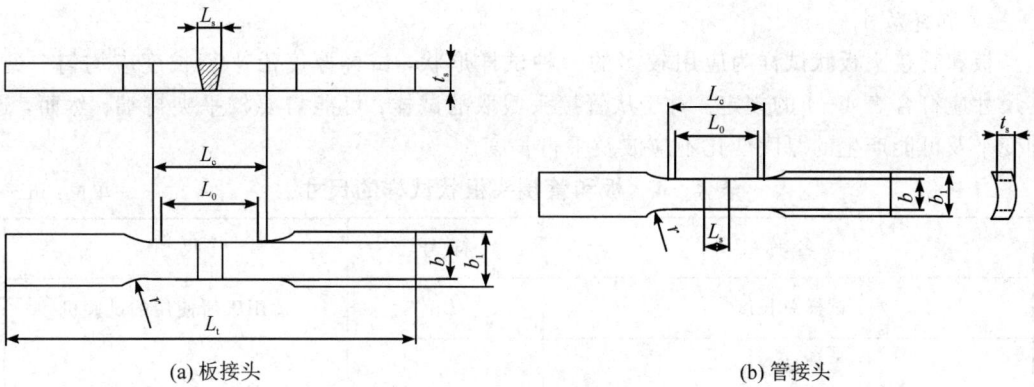

(a) 板接头　　　　　　　　　　　　(b) 管接头

图 4-20　板和管接头板状试样

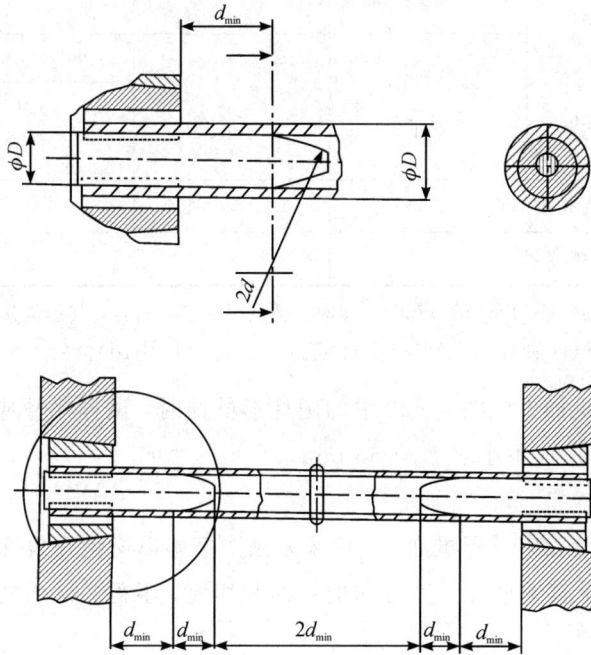

图 4-21　整管试样

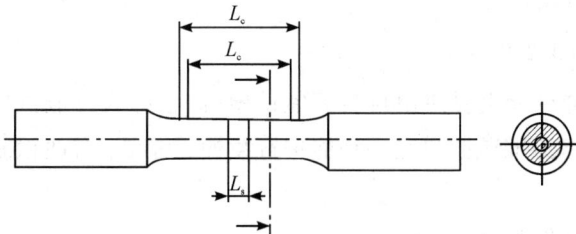

图 4-22　实心圆柱形试样

对于其他金属材料,不得采用剪切方法和热切割方法,只能采用机械加工方法(如锯或铣、磨等)。

4) 取样尺寸

板和管接头板状试样为应用较多的一种试样形状，试样厚度沿平行长度应均匀一致，其尺寸应符合表 4-4 的规定。对于从管接头截取的试样，可能需要校平夹持端。然而，这种变平及可能产生的厚度变化不应波及平行长度。

表 4-4　板和管接头板状试样的尺寸　　　　单位：mm

名　称		符　号	尺　寸
试样总长度		L_t	适用于所使用的试验机
夹持端宽度		b_1	$b+12$
平行长度部分宽度	板	b	$12(t_s \leqslant 2)$
			$25(t_s \geqslant 2)$
	管子	b	$6(D \leqslant 50)$
			$12(50 < D \leqslant 168)$
			$25(D \geqslant 168)$
平行长度		L_c	$\geqslant L_s + 60$
过渡弧半径		r	$\geqslant 25$

注 1：对于激光焊（根据 GB/T 5158—2005，其中工艺代号为 52）而言，其焊缝宽度为零（$L_s = 0$）。

注 2：对于某些金属材料（如铝、铜及其合金），可以要求 $L_c \geqslant L_s + 100$。

当焊接接头需要机加工成图 4-22 中的圆柱形试样时，试样尺寸应依据 GB/T 228 的要求，只是平行长度 L_c 应不小于 $L_0 + 60$ mm。

5) 表面加工

试样制备的最后阶段应进行机加工，应采取预防措施以避免在表面产生变形硬化或过热。试样表面应没有垂直于平行长度方向的划痕和切痕，不得去除咬边，除非相关标准另有要求。

超出试样表面的焊缝金属应通过机加工除去。除非另有要求，否则对于有熔透焊道的整管试样应保留管内焊缝。

2. 检测设备及检测要求

激光焊接件的拉伸试验主要使用材料万能试验机（也称为万能试验机或电子万能试验机），如图 4-23 所示。万能试验机是一种能进行拉伸、压缩、弯曲以及扭转等多种不同试验的力学试验机。

具体的拉伸试验操作要求主要包括以下几个方面。

（1）拉伸前的准备工作：主要包括试样的制备与表面加工，试样标距的标识，拉伸机量程和精度的确认。

（2）拉伸过程主要包括：

① 设定实验力零点：试样两端被夹持之前，应设定力测量系统的零点。需要注意的是，

图 4 - 23　材料万能试验机

经常有操作人员在试样夹紧之后进行力值清零,这是不对的。

② 试验的加持方法:使用楔形夹头、平板夹头等合适的夹具加持,并确保试样和夹具对中。

③ 选择合适的实验速率:应变速率、应力速率、横梁位移速率等。

(3) 拉伸后的工作:主要包括测量断后标距长度和断口横截面积、记录断裂位置和断裂形式等。

具体的操作步骤和参数设定见 GB/T 228.1—2010《金属材料室温拉伸试验方法》。需要注意的是,没有特殊要求时,拉伸试验应该在环境温度为(23±5)℃的温度条件下进行。若有特别规定或者模拟实际工况下焊接接头的力学性能(例如高温焊接管道的性能等)时,则需要遵循相应的测试标准,如 GB/T 228.2—2015《金属材料　拉伸试验第 2 部分:高温试验方法》。

3. 实例分析

1) 实例 1:铜合金激光焊接接头力学性能测试

数据来源:祁小勇,张威,余世文,等. C18000 铜合金激光焊缝组织和力学性能[J]. 激光与光电子进展,2017,54(7):241 - 248.

焊接设备:采用多功能激光焊接平台,配备德国 IPG 公司生产的 YLS-10000 光纤激光器,该激光器的输出波长为 1080 nm,光纤芯径为 200 μm,输出功率为 10^4 W;同时配备德国普雷茨特公司生产的 YW52 焊接头,输出聚焦光斑的直径为 0.5 mm。

焊接材料:3 mm 厚 C18000 铜合金板材,材料冷拉成型,热处理工艺为 900℃固溶处理与 450℃时效处理,基材抗拉强度为 700 MPa。

焊接工艺:① 激光焊接,功率为 5 kW,焊接速度为 40 mm/s,离焦量为 1 mm,保护气体流量为 20 L/min；② 激光填丝焊接，功率为 5.5 kW，焊接速度为 40 mm/s，离焦量为 5 mm，送丝速度为 2.5 m/min，保护气体流量为 20 L/min。激光填丝焊接采用美国 SMC 公司生产的 ERNiCu-7 焊丝，焊丝直径为 1.2 mm；焊丝成分中，Cu 为 28.2%，Mn 为 3.35%，Fe 为 0.15%，Ti 为 2.25%，Si 为 0.34%，Al 为 0.1%，其余元素少于 0.5%，剩余含量的物质为 Ni，以上均为质量分数。

取样：按图 4-24 所示的尺寸进行拉伸试样的取样。

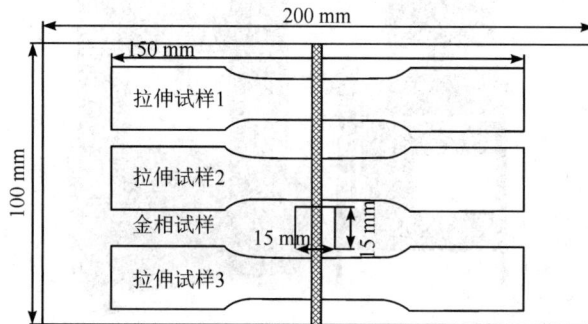

图 4-24　焊接件的取样示意图

试验结果与分析：如图 4-25 所示，激光焊接试样的焊缝强度为 313 MPa，激光填丝焊接试样的焊缝强度为 391 MPa，后者达到母材的 55.8%，比前者高 78 MPa。其中，激光焊接试样的焊缝断裂发生在焊缝中心，激光填丝焊接试样的焊缝断裂发生在热影响区。这是因为激光焊接试样的焊缝区发生重熔，时效强化作用消失。而采用激光填丝焊接时，Ni 元素固溶到 Cu 原子中，晶格产生畸变，焊缝区强度得到提升，使得焊缝强度高于热影响区。

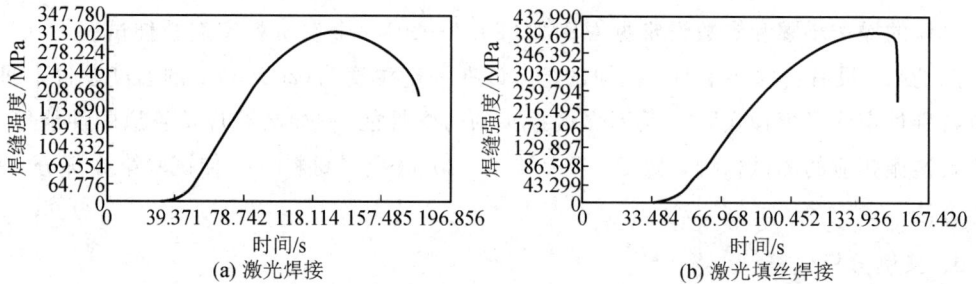

图 4-25　拉伸试验曲线

2）实例 2：Ti-22Al-27Nb/TC4 激光焊接接头测试与分析

数据来源：董智军，胡明华，罗志强. Ti-22Al-27Nb/TC4 异种合金激光焊接组织性能研究[J]. 航空制造技术，2015(3)：71-75.

焊接设备：焊接激光器为德国 ROFIN 公司生产的扩散式冷却式 CO_2 激光器。

焊接材料：2.5 mm 厚的 Ti-22Al-27Nb(原子数分数)和 TC4 合金热轧板材。

焊接工艺：焊接前通过酸洗(3mL HF、30mL HNO_3 和 67mL H_2O)将试样表面的氧化膜除去，再用酒精清洗后放入烘干箱干燥 1 h。焊接时采用双面氩气保护。焊接功率为

1.2 kW，焊接速度为 1.0 m/min，氩气流量为 10～15 L/min。

拉伸测试设备：INSTRON 5569 电子万能试验机。

拉伸测试参数：室温，拉伸速度为 1 mm/min，试样标距段长度为 10 mm，拉伸试样的尺寸如图 4 - 26 所示。

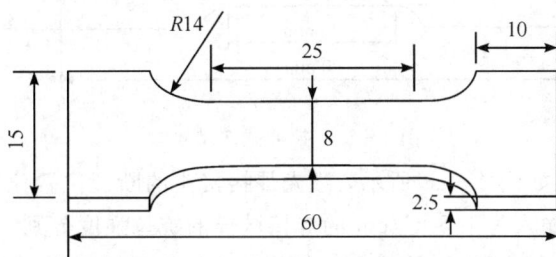

图 4 - 26　焊接件拉伸试样尺寸图

试验结果与分析：拉伸试验的结果见表 4 - 5。

表 4 - 5　Ti-22Al-27Nb/TC4 激光焊接接头拉伸试验结果

类　　型		抗拉强度/MPa	延伸率/%	断裂位置
TC4 母材		1136	14.60	—
Ti-22Al-27Nb 母材		1100	11.50	—
焊接接头	1	1049	6.5	焊缝
	2	1016	4.5	焊缝
	3	1065	5.95	焊缝

Ti-22Al-27Nb/TC4 激光焊接接头的平均抗拉强度为 1043 MPa，接近 Ti-22Al-27Nb 母材的抗拉强度。焊接接头的平均延伸率为 5.65%，为 Ti-22Al-27Nb 母材延伸率的 49%。

3）实例 3：X100 管线钢光纤激光焊接接头力学性能测试

数据来源：郭鹏飞，王晓南，朱国辉，等. X100 管线钢光纤激光焊接接头的显微组织及性能研究[J]. 中国激光，2017，44(12)：65 - 72.

焊接设备：美国 IPG YLS-6000 激光器。

焊接材料：X100 管线钢，它的成分中，C 为 0.04%，Si 为 0.23%，Mn 为 1.92%，Al 为 0.023%，S 为 0.003%，P 为 0.005%，Nb 为 0.04%，Ti 为 0.017%，Mo 为 0.2%，以上均为质量分数。板材长、宽、厚分别为 100 mm、50 mm、70 mm。

焊接工艺：焊接前用砂纸打磨 X100 管线钢表面，然后利用酒精清洗油污和杂质。焊接功率为 6 kW，光斑直径为 0.3 mm，保护气体为氩气，气体流速为 20 L/min，离焦量为 −10 mm，焊接速度为 40 mm/s。

拉伸测试设备：长春机械研究院 DNS-300 万能试验机。

拉伸测试参数：拉伸速率为 3 mm/s，拉伸样品的厚度为 5 mm，拉伸试样的其余尺寸如图 4 - 27 所示。

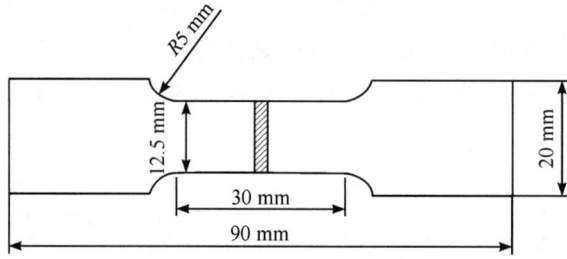

图 4 - 27　拉伸试样尺寸图

　　试验结果与分析：如图 4 - 28 所示，激光焊接接头的断裂位置位于母材区，母材(Base Metal，BM)试样与热输入为 1.5 kJ/cm 的焊接试样的抗拉强度分别达到了 829 MPa 和 854 MPa。通过激光焊接得到的 X100 管线钢的焊接接头抗拉强度能达到母材水平。拉伸断裂位置位于母材区，主要原因是软化区较小，仅为 0.4 mm，且和母材相比仅软化 3.5%，软化趋势较小，在拉伸变形过程中软化区受到两侧高硬度细晶区和母材约束力的影响，促使应变主要集中在母材区，最终导致断裂位置发生在母材区。

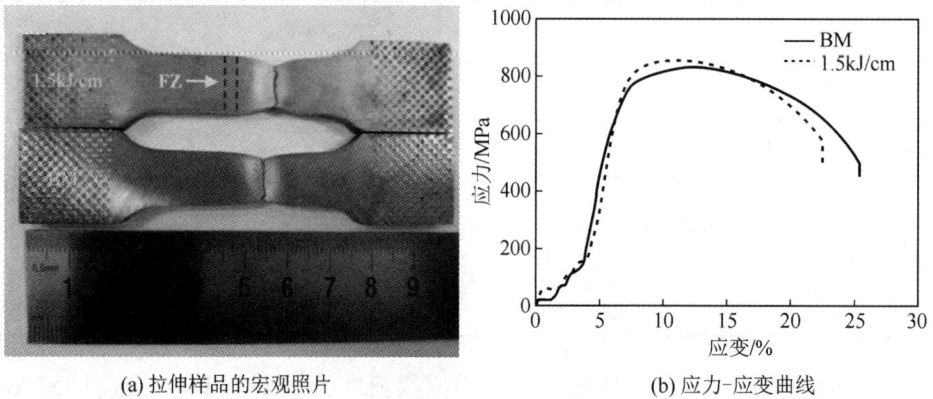

(a) 拉伸样品的宏观照片　　　　　　　　(b) 应力-应变曲线

图 4 - 28　拉伸试验样品宏观照片及应力-应变曲线

4.3.2　焊接接头的冲击试验

1. 冲击试验制样要求

1）取样位置

　　GB/T 2650—2008《焊接接头冲击试验方法》适用于金属材料熔化焊，该标准规定了对接接头冲击试验的取样、缺口方向等要求，其中焊接接头的取样位置最为关键。

　　激光焊接接头冲击试样可以用符号进行表示，如 VWS a/b。符号中的字母说明了试样类型、位置和缺口方向，而数字表明缺口距参考线(RL)和焊缝表面的距离(单位：mm)。冲击试样应从焊接接头截取试样，试样的纵轴与焊缝长度方向垂直。

　　冲击试样符号中的字母含义如下：

　　第一个字母：U 表示夏比 U 型缺口；V 表示夏比 V 型缺口。

　　第二个字母：W 表示缺口在焊缝；H 表示缺口在热影响区。

第三个字母：S 表示缺口面平行于焊缝表面，T 表示缺口面垂直于焊缝表面。

第四个字母：a 为缺口中心线距参考线的距离（如果缺口中心线在参考线，则记录 $a=0$）。

第五个字母：b 为试样表面距焊缝表面的距离（如果试样表面在焊缝表面，则记录 $b=0$）。

需要注意的是，当用上述方法不能充分确定试样位置和缺口方向时，应提供焊接接头示意图作为参考，如表 4-6、表 4-7、图 4-29 所示。

表 4-6　S 位置（缺口面平行于试件表面）

符号	缺口在焊缝	符号	缺口在热影响区
	示意图		示意图
VWS a/b	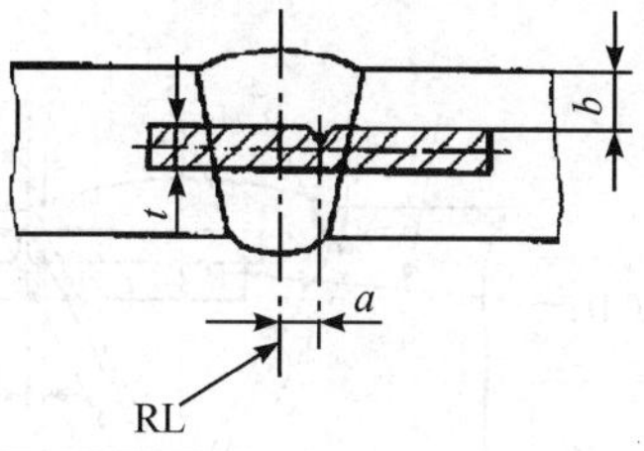	VHS a/b（熔化焊）	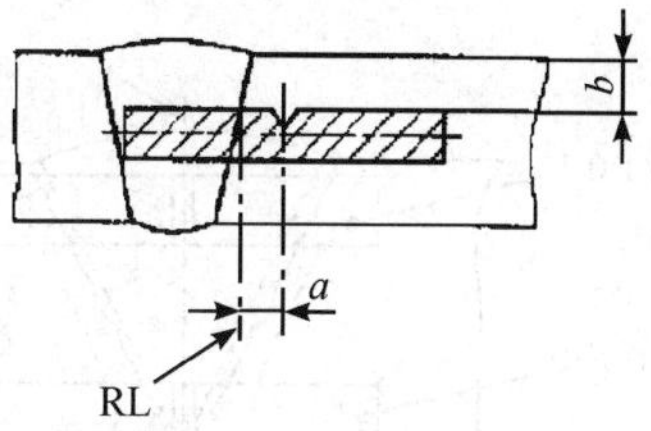

表 4-7　T 位置（缺口面垂直于试件表面）

符号	缺口在焊缝	符号	缺口在热影响区
	示意图		示意图
VWT $0/b$	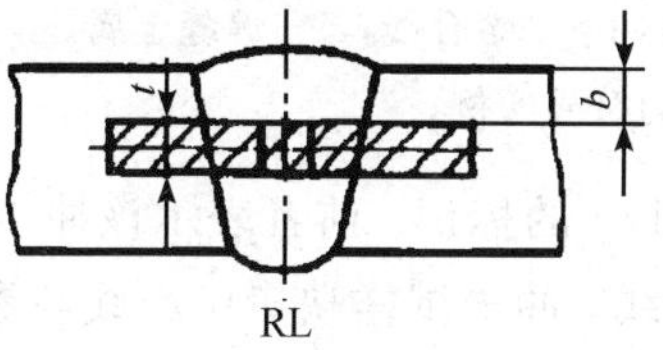	VHT $0/b$	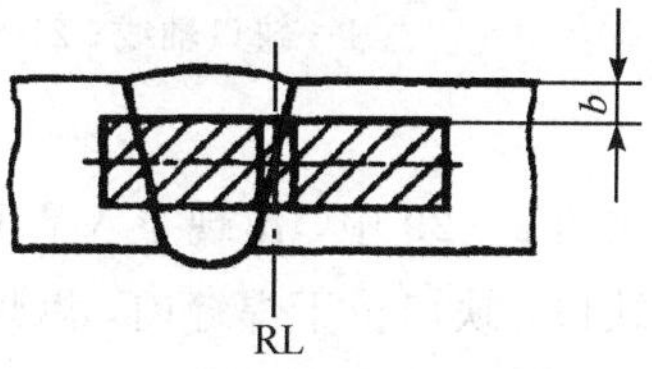
VWT a/b	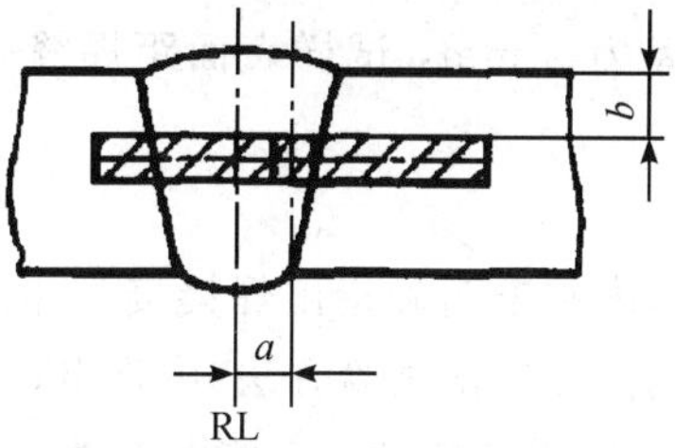	VHT a/b	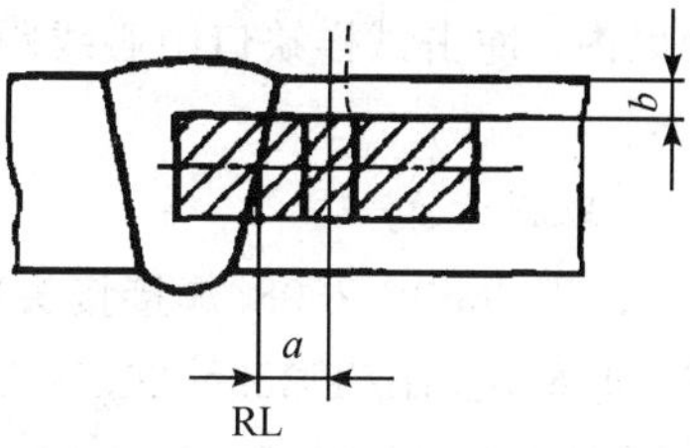
VWT $0/b$	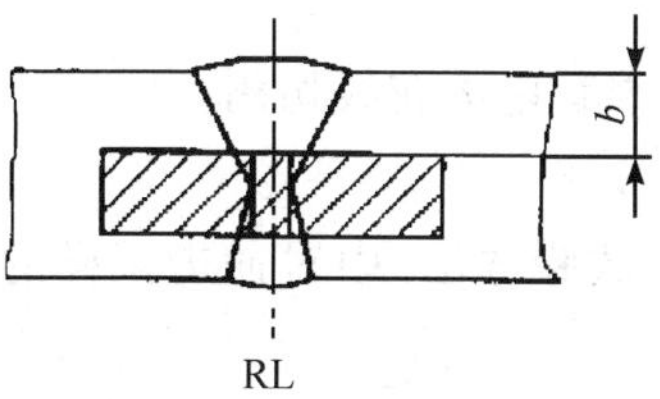	VHT $0/b$	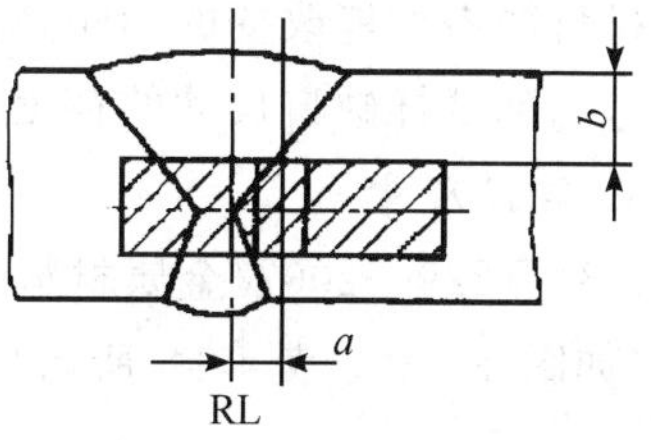

符号	缺口在焊缝	符号	缺口在热影响区
	示意图		示意图
VWT a/b		VHT a/b	

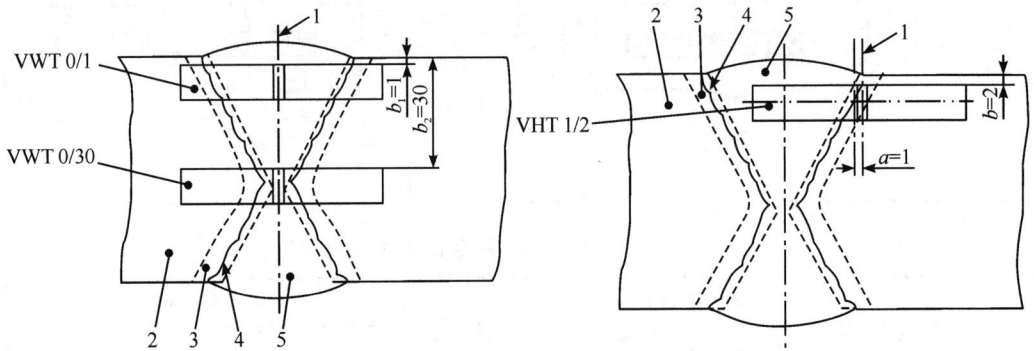

1—缺口轴线；2—母材；3—热影响区；4—熔合线；5—焊缝金属。

图 4-29 典型的符号实例

在图 4-29 中，出现了 VWT 0/1 和 VHT 1/2 的标识。前者表示该冲击试样的缺口为 V 型缺口，缺口位于焊缝内，以焊缝轴线为参考线，冲击试样缺口中心线与参考线重合，试样表面距焊缝表面的距离为 1 mm。后者表示该冲击试样的缺口为 V 型缺口，缺口位于热影响区内，冲击试样缺口中心线距参考线的距离为 1 mm，试样表面距焊缝表面的距离为 2 mm。

2）取样方式

GB/T 2650—2008《焊接接头冲击试验方法》中并未明确指出焊接接头冲击试样的取样方式，但是在 GB/T 229—2007《金属材料　夏比摆锤冲击试验方法》中指出，试样样坯的切取应按相关产品标准或 GB/T 2975 的规定执行，试样制备过程应使由于过热或冷加工硬化而使材料冲击性能改变的影响减至最小。

考虑到试样缺口尺寸的精度要求较高，一般推荐电火花线切割。

3）取样尺寸

GB/T 229—2007《金属材料　夏比摆锤冲击试验方法》中对冲击试样的尺寸做了详细规定（如图 4-30、表 4-8 所示）。

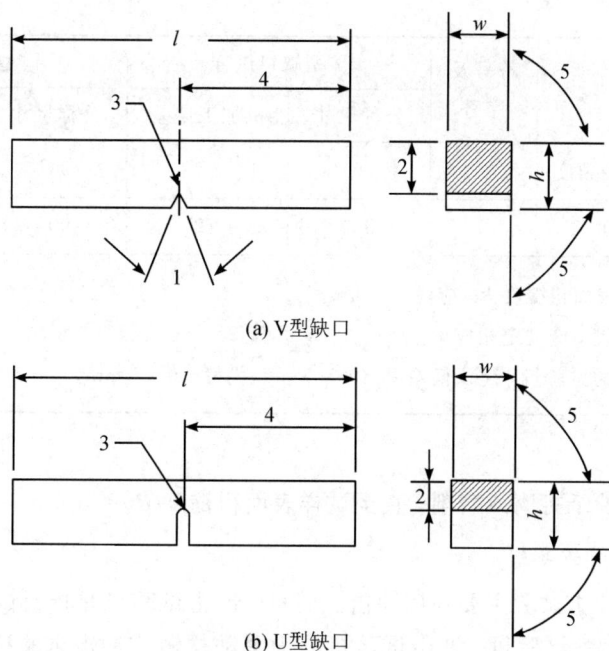

(a) V 型缺口

(b) U 型缺口

l—长度；h—宽度；w—高度；1—缺口角度；2—缺口底部高度；
3—缺口根部半径；4—缺口对称面到端面的距离；5—试样纵向面间夹角。

图 4-30　V 型和 U 型缺口冲击试样示意

图 4-30 中冲击试样的长度等参数的尺寸与偏差具体见表 4-8。

表 4-8　试样的尺寸与偏差

名　称	符号及序号	V 型缺口试样		U 型缺口试样	
		公称尺寸	机加工偏差	公称尺寸	机加工偏差
长度	l	55 mm	±0.60 mm	55 mm	±0.60 mm
宽度[a]	h	10 mm	±0.075 mm	10 mm	±0.11 mm
高度[a] ——标准试样 ——小试样 ——小试样 ——小试样	w	10 mm	±0.11 mm	10 mm	±0.11 mm
		7.5 mm	±0.11 mm	7.5 mm	±0.11 mm
		5 mm	±0.06 mm	5 mm	±0.06 mm
		2.5 mm	±0.04 mm	—	—
缺口角度	1	45°	±2°	—	—
缺口底部高度	2	8 mm	±0.075 mm	8 mm[b] 5 mm[b]	±0.09 mm ±0.09 mm
缺口根部半径	3	0.25 mm	±0.025 mm	1 mm	±0.07 mm
缺口对称面到端面的距离[a]	4	27.5 mm	±0.42 mm[c]	27.5 mm	±0.42 mm[c]

名　　称	符号及序号	V 型缺口试样		U 型缺口试样	
		公称尺寸	机加工偏差	公称尺寸	机加工偏差
缺口对称面到试样纵轴角度	—	90°	±2°	90°	±2°
试样纵向面间夹角	5	90°	±2°	90°	±2°

ᵃ表示除端部外，试样表面粗糙度 Ra 应优于 5 μm。

ᵇ表示若如规定其他高度，应规定相应偏差。

ᶜ表示对自动定位试样的试验机，建议偏差用±0.165 mm 代替±0.42 mm。

4）表面加工

试样表面应经过砂纸打磨或磨削，直至试样表面粗糙度 $Ra<5$ μm。

2. 检测设备及检测要求

激光焊接接头的冲击试验主要使用冲击试验机，冲击试验机是指对试样施加冲击试验力，进行冲击试验的材料试验机。冲击试验机分为手动摆锤式冲击试验机、半自动冲击试验机、数显冲击试验机、微机控制冲击试验机、落锤冲击试验机以及非金属冲击试验机等。通过更换摆锤和试样底座，可实现简支梁和悬臂梁两种形式的试验。

摆锤式冲击试验机（如图 4-31(a)所示）是冲击试验机的一种，是用于测定金属材料在动负荷下抵抗冲击的性能，从而判断材料在动负荷作用下的质量状况的检测仪。落锤冲击试验机（如图 4-31(b)所示）是冲击试验机的另一种，适用于铁素体钢（尤其是各种管线钢）的落锤冲击试验。

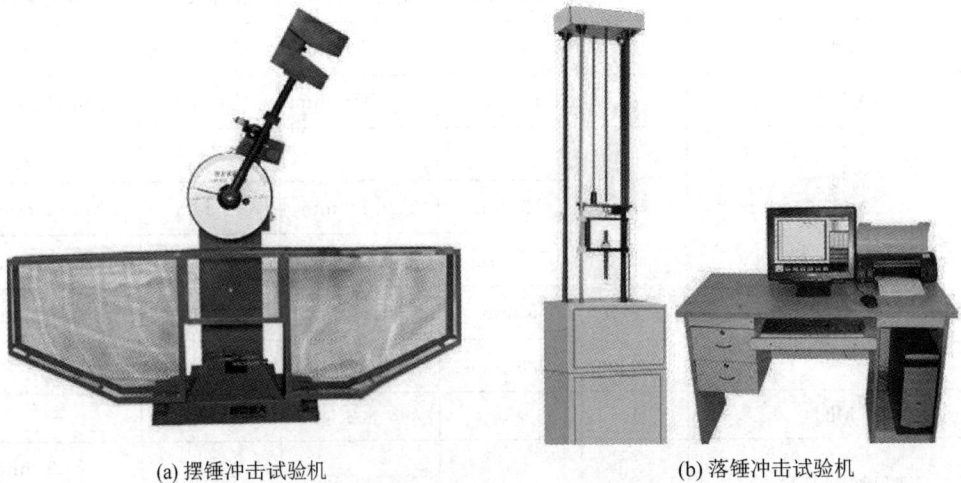

(a) 摆锤冲击试验机　　　　　　　　(b) 落锤冲击试验机

图 4-31　冲击试验机实物图

冲击试验机的操作比较简单，操作步骤具体如下：

（1）试验前根据打击能量要求，更换合适的摆锤（大摆锤的打击能量为 300 J，小摆锤的打击能量为 150 J)。

(2) 打开机身电源开关,手持操作器使摆锤进行一次空摆(不放置试样),检查度盘摆动针是否指零,若不指零,则应调整指针位置,使得空摆时指针为零。

(3) 按下"起摆"按钮,摆锤自动上扬至指定位置后挡销弹出。

(4) 用相应缺口对中样板使冲击试样缺口处于支座跨度中心,缺口面在冲击受拉一面。具体放置如图 4-32 所示。

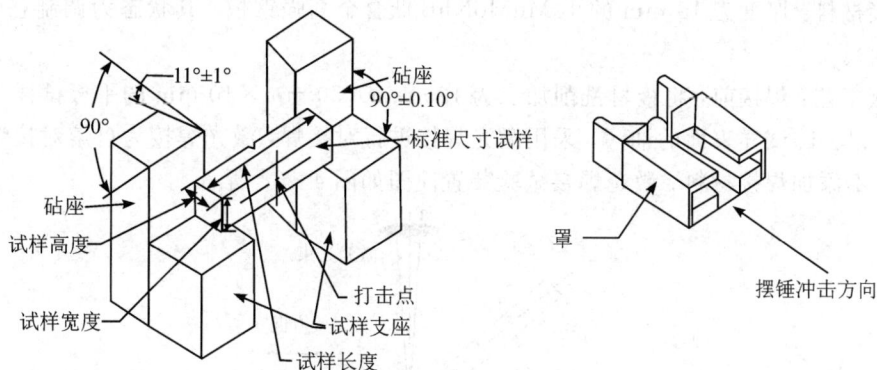

图 4-32　试样与摆锤冲击试验机支座及砧座相对位置示意图

(5) 将度盘摆动针拨到打击能量刻度处。

(6) 按下"冲击"按钮,落锤击断试样;待摆锤回摆时,按"制动"按钮;当摆锤停止摆动后,记下冲击能量。

(7) 试验结束,关闭操作器电源及冲击试验机电源,把操作器挂回原位。

备注:不允许摆锤举高后俯身安置试样;试验时在摆锤摆动平面内部不允许有人员活动;试样被击断后,待摆锤来回摆动时要按"制动"按钮;不能用手制止尚在摆动中的摆锤。

3. 实例分析

1) 实例 1:高强 TRIP 钢激光焊接冲击试验

数据来源:张晓宁,张洪坤,余腾义. 高强 TRIP 钢焊接工艺及冲击韧性[J]. 轧钢,2015,32(6):15-17.

焊接设备:填丝焊二氧化碳激光焊机。

焊接材料:热轧 CR450/TRIP980 带钢,它的成分中,C 为 0.350%,Si 为 0.890%,Mn 为 1.90%,P 为 0.015%,S 为 0.002%,Cu 为 0.04%,Ni 为 0.04%,Cr 为 0.03%,V 为 0.08%,Ti 为 0.260%,Al 为 0.82%,以上均为质量分数。

焊接工艺:激光输出功率为 8.0 kW,焊接速度为 1.5 m/min,对接间隙为 0.20 mm,送丝速度为 2.4 m/min,热处理感应加热电流为 86 A。

冲击测试参数:V 型标准冲击试样,试样尺寸为 4.0 mm×10 mm×70 mm,室温条件。

试验结果与分析:母材的冲击功在 12 J 左右,试样焊缝区的冲击功在 5 J 左右,冲击断口明显为脆断断口。试样焊缝区的冲击功明显低于母材的冲击功,原因为 TRIP 钢中 C 含量大,激光焊接高温骤冷情况下,焊缝组织产生大量板条马氏体,导致焊缝区韧性下降。

2）实例 2：激光焊接 14MnMoNbB 低合金高强钢接头冲击试验

数据来源：张建超，吕俊霞，乔俊楠，等. LBW 与 MAG 焊接 14MnMoNbB 低合金高强钢接头组织及力学性能对比研究[J]. 应用激光，2017，37(3)：355－361.

焊接设备：IPG 公司生产的 YLS-15000 掺镱光纤激光器，波长为 1070 nm，最大输出功率为 15 kW，传导光纤芯径为 300 μm，准直镜焦距为 200 mm，聚焦镜焦距为 300 mm，聚焦光束直径为 0.42 mm。

焊接材料：厚度为 10 mm 的 14MnMoNbB 低合金高强钢板，其状态为调制态（淬火＋高温回火）。

焊接工艺：焊接前，将板材铣削加工为 120 mm×50 mm×10 mm 的平板试样，并用丙酮清洗，以去除试样表面的油污，采用激光焊接进行对接焊，激光焊接为自熔对接焊，板不开坡口，不添加焊接材料。激光焊接试验装置简图如图 4－33 所示。

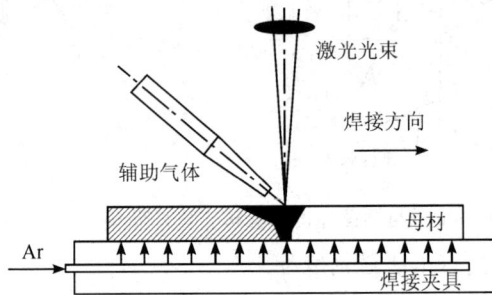

图 4－33　激光焊接试验装置简图

冲击试验设备：摆锤式冲击试验机。

冲击试验参数：室温条件，冲击试样缺口的深度为 2 mm，尺寸为 10 mm×10 mm×55 mm。

试验结果与分析：如表 4－9 所示，母材的平均冲击功为 97 J，激光焊接接头的平均冲击功为 105 J，熔化极活性气体保护焊焊接接头的平均冲击功为 100 J。两种焊接方法得到的焊接接头的平均冲击功都高于母材的平均冲击功，这说明两种焊接接头都具有良好的冲击韧性，同时激光焊接接头的冲击韧性要优于 MAG 焊接接头。这与激光焊接过程中热输入小，焊缝显微组织为低碳板条马氏体，且热影响区较窄等因素有关。

表 4－9　母材、LBW 及 MAG 焊接接头冲击性能

序号	冲击试样	冲击功/J	平均冲击功/J
1	母材	98	97
2		96	
3	激光焊接（LBW）接头	101	105
4		99	
5		116	
6	熔化极活性气体保护焊（MAG）焊接接头	101	100
7		97	
8		102	

3) 实例 3：6082 铝合金激光对接焊的焊接工艺与接头性能研究

数据来源：孟周东. 6082 铝合金激光对接焊的焊接工艺与接头性能研究[D]. 郑州：郑州大学，2017.

焊接设备：YSL-2500 掺镱光纤连续激光器，该激光器的最大输出功率为 5 kW，光束波长为 1064 nm。

焊接材料：260 mm×120 mm×4 mm 的 6082 铝合金板材。

焊接工艺：铝合金母材采用对接接头的形式，在焊接过程中用焊接夹具将焊件固定，如图 4 - 34 所示。焊接速度为 15 mm/s，离焦量为 ＋1 mm，保护气体氩气的流量为 15 L/min，填充材料为 ER4047，激光功率分别为 3 kW、3.3 kW、3.6 kW、3.9 kW。

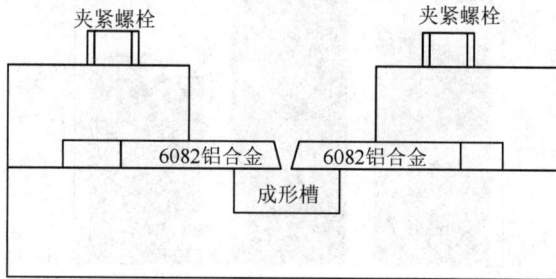

图 4 - 34　焊接夹具示意图

冲击试验设备：摆锤式半自动冲击试验机。

冲击试验参数：测试温度为室温，冲击试样缺口为 V 型（如图 4 - 35 所示），缺口分别位于母材位置、热影响区和焊缝中心位置。

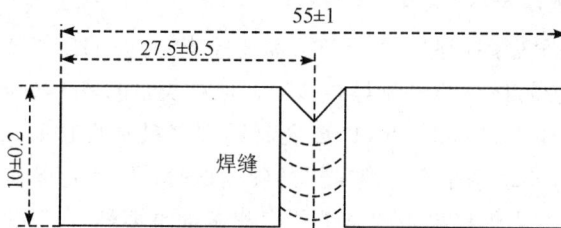

(a) 尺寸图

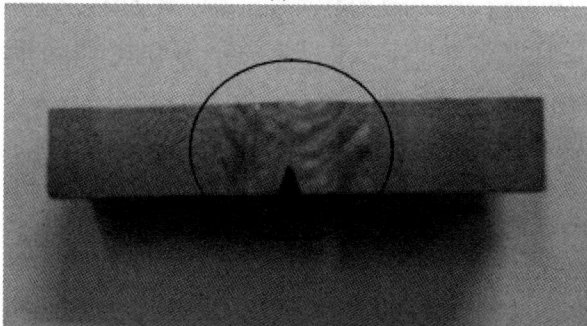

(b) 实物图

图 4 - 35　冲击试验试样图

试验结果与分析：如图 4-36 所示，6082 铝合金母材的平均冲击吸收功为 23.5 J，平均冲击韧性为 25.2 J/cm²；焊缝区的平均冲击吸收功为 28.2 J，平均冲击韧性为 30 J/cm²；热影响区的平均冲击吸收功为 20 J，平均冲击韧性为 22.5 J/cm²。热影响区的冲击吸收功和冲击韧性最小，是接头最容易发生冲击断裂的位置；母材区的冲击吸收功和冲击韧性处于中间值；焊缝区域的冲击吸收功和冲击韧性最大。造成这种现象的原因是：焊缝区的枝状晶粒比较小，且较为致密，使得其抗冲击能力比母材高；而热影响区则由于在焊接过程中形成各种粗壮的柱状晶体和等轴状晶体，导致其抗冲击能力较母材减弱。

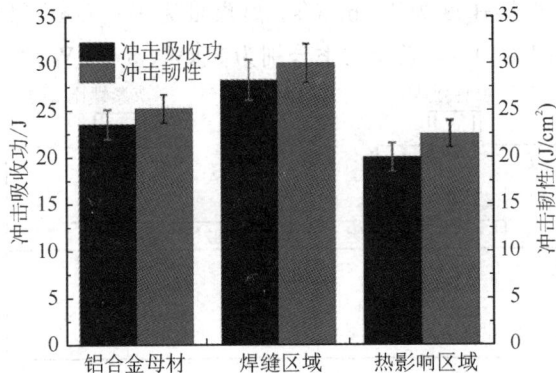

图 4-36　激光焊接接头冲击强度

4.3.3　焊接接头的显微硬度检测

1. 显微硬度试验制样要求

对于激光焊接接头显微硬度测试的标准，需要注意的是，GB/T 2654—2008《焊接接头硬度试验方法》适用于金属材料的电弧焊接头，其他种类的接头（如压焊和堆焊接头）的硬度测试亦可参照；而 GB/T 27552—2011《金属材料焊缝破坏性试验 焊接接头显微硬度试验》则明确指出，本标准不适用于窄焊缝试样的硬度试验，如激光焊和电子束焊的焊缝。从实际使用的角度出发，激光焊接接头的显微硬度测试的重要性低于力学性能测试和显微组织分析，因此在大多数情况下，激光焊接接头的显微硬度的测试并未严格执行相应标准。目前，国际上激光焊接焊缝这类窄焊缝的显微维氏硬度测试的标准为 ISO 22826—2005《金属材料焊缝的破坏性试验 激光和电子束焊接窄接头的硬度试验（维氏和努氏硬度试验）》，结合 GB/T 4340.1—2009《金属材料 维氏硬度试验 第 1 部分：试验方法》中的规定，激光焊接接头显微维氏硬度测试样品的制样要求可简单归结如下。

1）取样位置

试样应从激光焊接接头的横截面位置截取。

2）取样方式

试样的切取可以使用机械加工的方式，但必须避免过热导致的试样表面硬度软化或硬化问题。

3）取样尺寸

试样或试验层厚度至少为显微维氏硬度压痕对角线长度的 1.5 倍，且保证试验后试样背面不出现可见的变形压痕。

4）表面加工

试样表面应平坦光滑，试验面上应无氧化皮及外来污物，尤其不应有油脂。

由于显微维氏硬度压痕很浅，加工试样时建议根据材料特性采用抛光或电解抛光工艺。此外，对于小截面或外形不规则的试样，可将试样镶嵌或使用专用试台进行试验。

2. 检测设备及检测要求

在激光焊接接头显微维氏硬度的测试中，主要使用的设备是显微维氏硬度计，如图 4-37 所示。

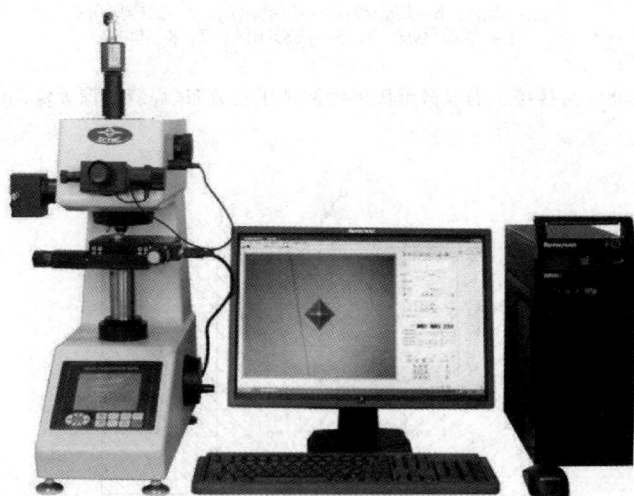

图 4-37　显微维氏硬度计

使用显微维氏硬度计检测硬度的操作步骤如下：

（1）接通电源，查看测试主菜单，选择合适的测试载荷、保压时间和转换标尺。

（2）将试样放在载物台上，当不能把试样固定在一定位置上时，请用夹具将其固定，测试期间试样不能移动。

（3）慢慢转动载物台的升降手柄，使试样表面聚焦。首先向上调节载物台，使试样轻触 40 倍物镜，然后向下调节载物台，同时通过测量显微镜的目镜观察试样，直到试样表面聚焦。

（4）当试样表面聚焦后，请通过旋转目镜上的旋钮调整视野，使已得到的两条测量线的视域清晰。

（5）选择好测试面上想要测的点，X、Y 载物台在每一个方向上的移动量是 25 mm。

（6）进行载荷加载：40 倍物镜—金刚石压头—加载保载—卸载—4 倍物镜。

（7）随后，在试样的视野中心，会看到一个压痕，测量压痕对角线的长度 D_1 和 D_2。维氏硬度值是用对角线长度 D_1 和 D_2 的平均值计算得到的。

如上所述，显微维氏硬度计的操作是比较简单的，但激光焊接接头显微维氏硬度检测过程中的硬度压痕位置分布的要求比较严格，具体如图 4-38～图 4-42 所示。

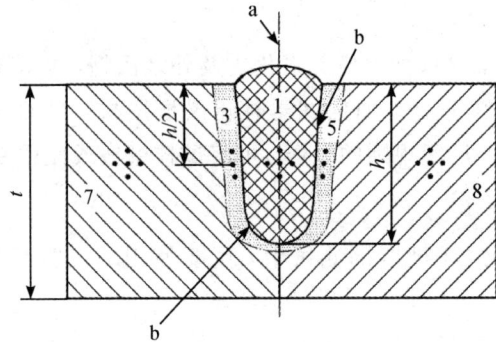

a—焊缝；b—熔合线；h—焊缝熔深；t—试样厚度；
1— 焊缝区域；3、5—热影响区；7、8—母材。

图 4 - 38　对接接头的显微维氏硬度测试压痕分布（焊缝熔深 $h \leqslant 4$ mm）

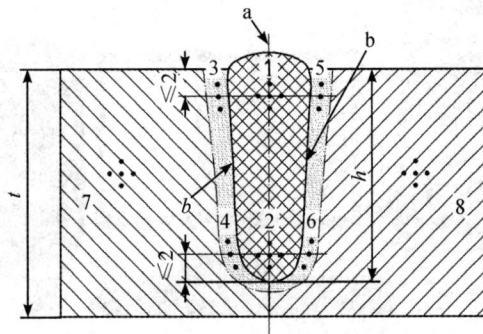

a—焊缝；b—熔合线；h—焊缝熔深；t—试样厚度；
1、2— 焊缝区域；3、4、5、6—热影响区；7、8—母材。

图 4 - 39　对接接头的显微维氏硬度测试压痕分布（焊缝熔深 $h > 4$ mm）

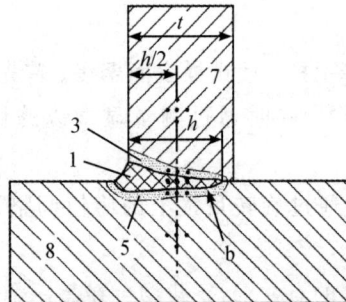

图 4 - 40　T 型接头的显微维氏硬度测试压痕分布（焊缝熔深 h 或试样厚度 $t \leqslant 4$ mm）

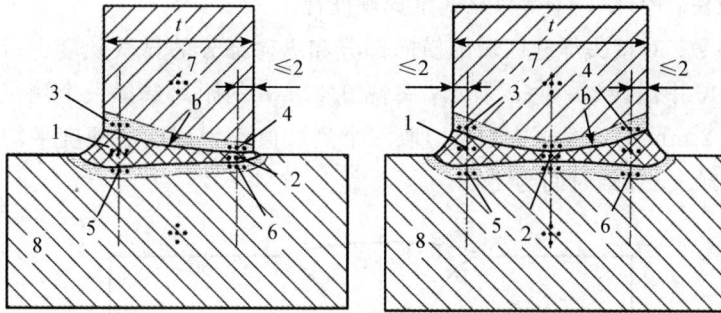

图 4-41　T 型接头的显微维氏硬度测试压痕分布(焊缝熔深 h 或试样厚度 $t>4$ mm)

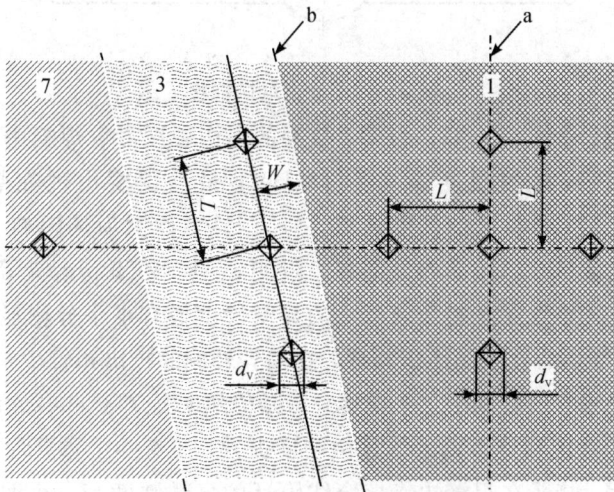

L—显微维氏硬度压痕中心点间距；
d_v—显微维氏硬度压痕对角线长度；W—间距。

图 4-42　焊接接头的显微维氏硬度测试压痕分布

　　可以看出，激光焊接接头显微维氏硬度检测过程中的硬度压痕位置并非沿着一条特定的直线进行分布，而是在焊缝、熔合区和母材内部都有分布。此外，还需要注意，对于铁基金属材料，显微维氏硬度压痕中心点间距 L 大于 3 倍的显微维氏硬度压痕对角线长度 d_v。对于非铁基金属材料，需要满足 $L \geqslant 6d_v$，同时还需要满足 $d_v/2 \leqslant W \leqslant d_v$。

3. 实例分析

　　1）实例 1：6082 铝合金激光对接焊的接头显微维氏硬度测量

　　数据来源：孟周东. 6082 铝合金激光对接焊的焊接工艺与接头性能研究[D]. 郑州：郑州大学，2017.

　　焊接设备：YSL-2500 掺镱光纤连续激光器，最大输出功率为 5 kW，光束波长为 1064 nm。

　　焊接材料：260 mm×120 mm×4 mm 的 6082 铝合金板材。

　　焊接工艺：铝合金母材采用对接接头的形式，在焊接过程中用焊接夹具将焊件固定。焊接速度为 15 mm/s，离焦量为 +1 mm，保护气体为氩气，氩气流量为 15 L/min，填充材料为 ER4047，激光功率分别为 3 kW、3.3 kW、3.6 kW、3.9 kW。

硬度测量设备：RCX-T81 型数显式维氏硬度计。

硬度测量参数：对接头焊缝区域的横向部分和纵向部分的显微硬度进行测量，测量的位置沿着图 4-43 中虚线 ab 和 cd 所示，每隔 0.3 mm 的距离选择一个测试点，在该测试点垂直方向 ±0.2 mm 的位置再次取样，取三个测试值作为该点的硬度平均值，测试时选择加载载荷为 250 g，加载时间为 10 s。

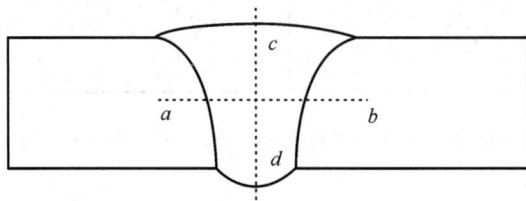

图 4-43　硬度取样位置

试验结果与分析：由图 4-44(a)可知，接头的显微硬度沿着焊缝中心线呈现出对称现象。沿着横向中心线采样的硬度最高为 132HV，最高硬度出现在热影响区；其次为 121HV，出现在焊缝区；母材区的硬度最低，为 75HV。原因为热影响区(HAZ)内的柱状晶区(CCZ)和等轴晶区(ECZ)在晶界外部有大量的 α-Al、Si 和 Mg_2Si 等共晶组织析出，这些晶粒的硬度值较高，导致在这些区域接头的显微硬度值有了十分明显的升高。而焊缝区域(WZ)组织主要由细小的枝状晶组织构成，在晶界外侧的析出相较少，导致其沉积强化现象不明显，使得该区域的硬度低于热影响区，但是仍然明显高于 6082 铝合金母材区。除了沉积强化现象导致焊缝区和热影响区的显微硬度提升，还有一个重要原因就是激光焊接过程中的固溶强化作用。接头在焊缝边缘熔合线附近的显微硬度有一个明显的下降过程，经过分析，该部分可能是等轴晶区(ECZ)与焊缝区域(WZ)的过渡部分，该部分由于晶粒结构从等轴晶体变为枝状晶，导致其沉积强化现象不明显，从而出现了一个明显的硬度下降区域。

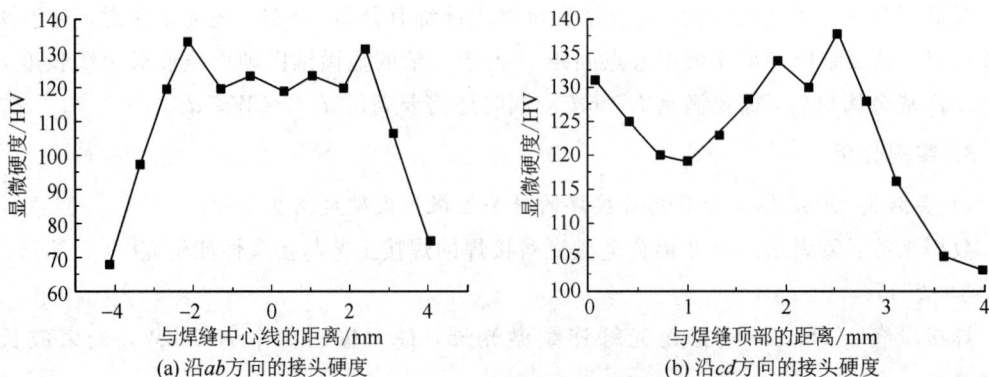

图 4-44　在接头中的硬度值分布情况

(a) 沿ab方向的接头硬度

(b) 沿cd方向的接头硬度

由图 4-44(b)可知，沿着焊缝中心垂直方向对接头的硬度值进行取样时，接头的硬度分布也呈现出明显的变化特征。其中硬度最大的区域为焊缝中心线的中下部区域，当离母材上表面 2.5 mm 时，接头硬度达到最大值 136HV；其次为焊缝中心线的上部区域；显微硬度最弱的部分为焊缝中心线的下部区域。经分析认为，由于本实例采用的是离焦量为 +1 mm 的正聚焦焊接，导致激光的穿透能力较低，使得接头在其上部和下部的焊接热输入情况不同，不同的能量输入会直接影响焊缝区域中晶粒的生长以及 α-Al、Si 和 Mg_2Si 等共晶组织的析出，从而导致显微硬度的差异。

2）实例 2：30CrMnSi 钢激光焊接工艺研究

数据来源：刘佳. 30CrMnSi 钢激光焊接工艺研究[D]. 长春：长春理工大学，2009.

焊接设备：采用 Rofin DC050 型激光器，最大功率为 5 kW，CO_2 激光波长为 10.6 μm，通过导光聚焦系统，用自制夹具在数控机床上进行焊接。

焊接材料：试验采用了 30CrMnSi 中碳合金钢板材，它的化学成分中，C 为 0.27%～0.34%，Si 为 0.90%～1.10%，Mn 为 0.90%～1.10%，Cr 为 0.90%～1.10%，P 小于或等于 0.03%，S 为小于或等于 0.035%。焊接件的尺寸为 100 mm×30 mm×2 mm。

焊接工艺：试验的离焦量均为 −1 mm，保护气体为 6 L/min 的 He 和 17 L/min 的 Ar 的混合气体。调整激光功率和焊接速度，分别设定 4 组焊接工艺，即 PH1(1 kW，0.4 m/min)、PH2(2 kW，3.5 m/min)、PH3(3 kW，6.5 m/min)和 PH4(4 kW，8.0 m/min)。

硬度测试设备：显微硬度的测量采用 HMT-3 型显微硬度计。

硬度测试参数：将试件的焊接接头打磨抛光后进行测试。接头的硬度位置分布具体如图 4-45 所示。试验所用载荷为 100 g，保载时间为 5～10 s。

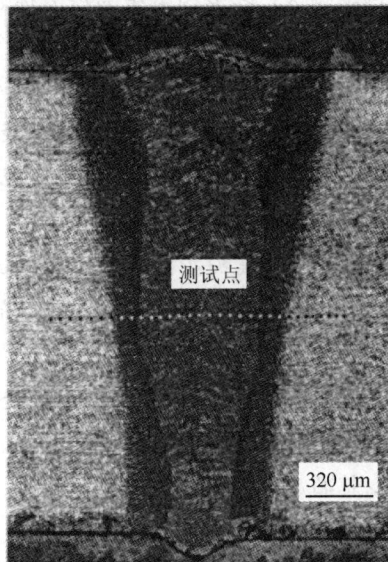

图 4-45　硬度测试位置分布图

试验结果与分析：对于不同的激光焊接条件，其焊接接头的显微硬度均符合如图 4-46 所示的规律。从焊缝中心线向两侧过渡时，显微硬度先上升，在热影响区时，显微硬度达到一个最大值；然后显微硬度逐渐降低，且在热影响区和母材相邻的地方，显微硬度下降得最快，在母材区域时，显微硬度达到最小，且变化趋势趋于平坦，但存在着一定的跳动。同时，可以看到，在 PH4 焊接条件下得到的焊缝最窄，且在相同区域，其焊缝区的显微硬度较其他焊接工艺下的显微硬度高。在所有焊接条件下，焊缝宽度 PH4＜PH3＜PH2＜PH1，相同区域除母材区域外硬度 PH4＞PH3＞PH2＞PH1。这是因为在同样焊透的条件下，焊接速度越快，焊缝两侧吸收的热当量越小，所以焊缝越窄。同时，焊接速度越快，焊接接头的冷却速度也越快，所以得到的晶粒越小，因此显微硬度越高。

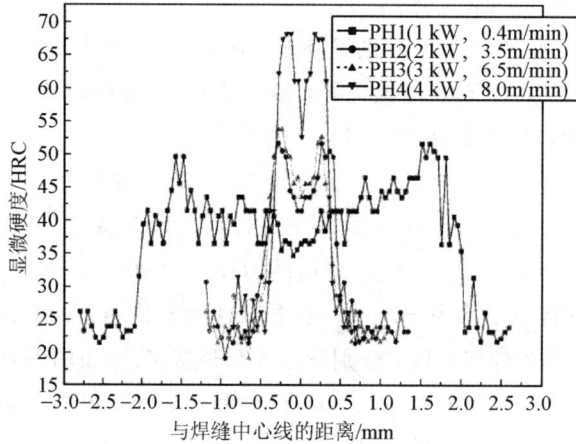

图 4-46 焊接接头显微硬度分布曲线

母材的金相组织为铁素体、珠光体、屈氏体，晶粒粗大且不均匀，所以其显微硬度较低，且显微硬度变化较大。在热影响区，其金相组织为铁素体、珠光体、屈氏体和上、下贝氏体以及马氏体，其中马氏体和贝氏体所占比例较多，且热影响区的晶粒均匀、细小。因此，热影响区的硬度最高。焊缝的金相组织为板条马氏体，但是由于其晶粒尺寸较热影响区的大得多，其硬度要略低于热影响区的硬度。从焊缝的边缘到焊缝的芯部，由于焊接后冷却速率不同，焊缝边缘的冷却速率较芯部的略快，因此，冷却后形成的晶粒要略小，组织更致密，所以在焊缝区显微硬度从边缘到芯部有一个下降的过程。

3）实例 3：T2 紫铜板光纤激光焊接接头显微维氏硬度测试

数据来源：赵晓杰. T2 紫铜板光纤激光焊接及接头性能的研究[D]. 锦州：辽宁工业大学，2016.

焊接设备：选用配有 Laser Mech FDH0262 焊接头的 IPG 公司生产的 YLS-3000 多模光纤激光器，利用单手控制六轴运动编程的先进操控面板，进而控制焊接过程，执行机构为 KUKA 六轴关节型焊接机器人，其额定功率为 3 kW，波长为 10.6 μm，光斑直径为 0.25 mm，焦距为 250 mm。

焊接材料：2 mm 厚的 T2 紫铜板材。

焊接工艺：焊接速度为 0.01m/s，离焦量为 0 mm，激光功率分别为 2.5 kW、2.75 kW 和 3 kW。

硬度测试设备：HV-1000 型显微硬度计。

硬度测试参数：实验载荷采用 50 g，加载时间为 10 s，具体测试位置如图 4-47 所示。腐蚀对焊接接头的显微硬度有一定程度的影响，会造成测量误差，因此测试硬度前不能用腐蚀剂腐蚀试样。

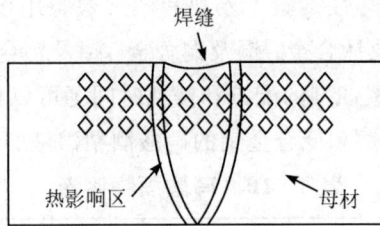

图 4 - 47　硬度测试位置分布图

　　试验结果与分析：如图 4 - 48 所示，当激光功率为 2.5 kW 时，焊缝处的显微硬度最大，最大显微硬度为 88.5HV0.5，且最大硬度值随着激光功率的增加而减小。焊接接头的显微硬度从焊缝区向两侧到母材呈先减小后增大的趋势，且都在热影响区出现最小的显微硬度值。这是因为在焊缝的晶粒很小，焊缝处的晶粒细化，从而使得焊缝处的强度最高，硬度也最大。而热影响区的温度过高，导致晶粒严重长大，从而降低了其显微硬度，所以热影响区的显微硬度最小。当热量到达基体时，由于热量不足以使基体的晶粒产生变化，所以基体的显微硬度要高于热影响区的显微硬度。

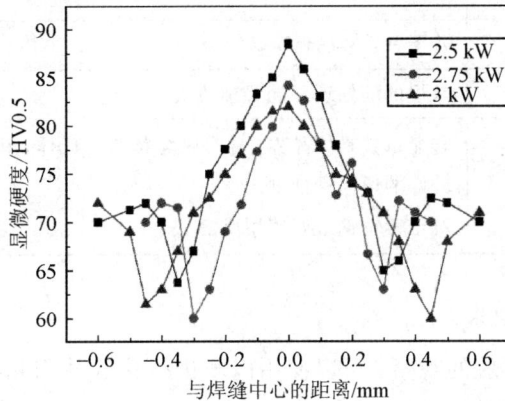

图 4 - 48　不同激光功率下的焊接接头显微硬度分布

4.3.4　焊接接头的宏观形貌及微观组织检测

1. 试验制样要求

　　如果试验是对焊接接头外观形貌的观察（包括检测焊缝形状是否为鱼鳞纹状，焊接接头是否有塌陷和咬边等明显的焊接缺陷），就无须进行特别制样。

　　如果试验是对宏观或微观金相组织的观测（如检测热影响区的晶粒尺寸和相构成等），就必须进行试样的制备。根据 GB/T 26955—2011《金属材料焊缝破坏性试验　焊缝宏观和微观检验》的规定，试面一般垂直于焊缝轴线（横截面），且覆盖焊缝熔敷金属和焊缝两侧的热影响区。如果有需要，也可以沿其他方向取样。由此可见，焊接接头组织观测试样的取样要求要远远低于拉伸和冲击试样的要求。

　　样品截取后，如果有需要，可以进行冷镶嵌或热镶嵌，以方便抛光和金相腐蚀。GB/T

26956—2011《金属材料焊缝破坏性试验 宏观和微观检验用侵蚀剂》给出了碳钢和低合金钢、不锈钢、镍及镍合金、钛及钛合金、铜及铜合金、铝及铝合金等常见材料的一些侵蚀剂（也称为金相腐蚀液）。当然，侵蚀剂的配方和侵蚀时间等可以根据实际需要做适当的调整。

表 4-10 是常见的腐蚀碳钢和低合金钢的硝酸酒精溶液。

表 4-10 硝酸酒精溶液

侵蚀剂类型	宏观和微观侵蚀剂
体积组成和混合顺序	99～95 mL 工业酒精*； 1～5 mL 硝酸（HNO_3）。 * 工业酒精为含少量甲醇的乙醇。 也可以用甲醇或戊醇[$(CH_2)_2CH(CH_2)OH$]代替工业酒精
安全放置时间	无限期
试面制备	宏观试样用 P600 或更细的砂纸研磨，用 5% 硝酸酒精溶液侵蚀。 微观试样用 3.0 μm 或更细的金刚石粉磨抛，用 2% 硝酸酒精溶液侵蚀
侵蚀温度	室温
侵蚀时间	若干秒，目视观察确定
附加预防措施/要求	常规的酸处理和处置预防措施
说明	若显示铁素体晶界，区分铁素体与马氏体，硝酸浓度可大于 15%。 较好的通用侵蚀剂。 对于镀锌钢最好使用戊醇

2. 检测设备及检测要求

对于焊接接头外观形貌的观察，可以使用肉眼进行检验并用相机进行记录；对于宏观金相组织的检验，可用肉眼或低倍光学仪器（一般放大倍数小于 50 倍）对未侵蚀或侵蚀的试面进行检验；对于微观检验，使用金相显微镜或扫描显微镜（一般放大倍数在 50 倍以上）对未侵蚀或侵蚀的试面进行检验。

3. 实例分析

实例：SUS 304 不锈钢薄板激光焊接接头宏观及微观组织观察。

数据来源：李庆. SUS 304 不锈钢薄板激光焊接工艺及接头性能研究[D]. 武汉：华中科技大学，2014.

焊接设备：华中科技大学制造的 500 W 的脉冲 Nd：YAG 激光焊机。

焊接材料：厚度为 1 mm 的 SUS 304 不锈钢板，它的化学成分中，C 为 0.08%，Cr 为 18.00%～19.00%，Si 小于或等于 1.20%，Cu 为 1.50%～2.90%，Ni 为 9.00%～10.80%，Mn 小于或等于 2.30%，P 小于或等于 0.035%，S 小于或等于 0.040%。

焊接工艺：用剪板机将 SUS 304 不锈钢薄板裁剪成 60 mm×40 mm 的试样，并用砂纸将工件边缘的加工痕迹打磨掉，然后用酒精清洗工件表面及边缘，并用吹风机吹干，保证工件表面的清洁。试验所用激光器的光斑直径约为 0.2 mm，脉冲激光焊对装配精度的要求很高，对接装配间隙应小于薄板厚度的 10%，采用琴键式夹具将工件夹紧，拧紧螺钉，防止焊接过程中发生波浪形变形，焊接过程所用夹具如图 4-49 所示，需要严格控制装配间隙。

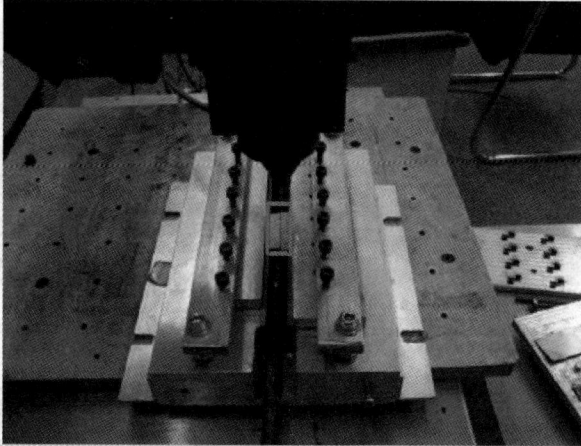

图 4-49　焊接过程所使用夹具

用氩气作为保护气，正面采用同轴保护，为了防止焊缝背面被氧化，焊接过程中在工件背面吹保护气，正面保护气的气流量为 15 L/min，背面保护气的气流量为 10 L/min。焊接时，首先固定电流、脉冲频率、脉宽和焊接速度，改变离焦量，根据焊缝成形，选取合适的离焦量，再同时改变电流、脉冲频率、脉宽和焊接速度，构成正交实验，探究工艺参数对接头组织及力学性能的影响。焊接时，电流为激光激发电流，采用的具体工艺参数如表 4-11 所示。

表 4-11　脉冲激光焊工艺参数

焊接方式	工艺参数	参数分布
对接	电流/A	120、130、140、150、160、170、180
	脉冲频率/Hz	15、25、35、40、45、50、60
	脉宽/ms	1.5、2.0、2.5、3.0
	离焦量/mm	−4、−2、−1、0、+1、+2
	焊接速度/(mm/min)	600、700、800、900

组织检测设备：采用 GUOSUO 数码电子显微镜观察焊缝宏观形貌，测量焊缝宽度和熔深。利用光学显微镜观察焊缝横截面和焊缝正面的显微组织。

组织检测参数：以焊缝为中心，在对接工件上截取两个 8 mm×8 mm 的正方形小块，一个沿焊缝横截面镶嵌，另一个沿焊缝表面镶嵌，制备金相试样，用王水腐蚀 10~15 s。

测试结果与分析：当电流为 130 A、脉冲频率为 50 Hz、脉宽为 2.5 ms、焊接速度为 700 mm/min 时，离焦量的范围在 −2~+1 mm 之间时可以焊透。不同离焦量下所得到的焊缝形貌图见表 4-12。

表 4-12 不同离焦量下的焊缝形貌图

离焦量/mm	焊缝正面	焊缝背面	说　明
-4			未焊透，焊缝正面成形良好
-2			部分焊透，焊缝正面出现了咬边，背面的焊缝未连续
-1			全焊透，焊缝正面成形良好，背面成形也较好，该离焦量下的整体成形好
0			全焊透，焊缝正面有轻微的咬边，背面有飞溅，成形一般

离焦量 /mm	焊缝正面	焊缝背面	说　明
+1			全焊透，焊缝正面有咬边，背面飞溅也较多
+2			未焊透，焊缝正面成形良好

　　固定离焦量为 -1 mm，采用以下三组焊接工艺参数：① 电流为 180 A，脉冲频率为 45 Hz，脉冲宽度为 3.0 ms，焊接速度为 600 mm/min；② 电流为 160 A，脉冲频率为 45 Hz，脉冲宽度为 2.0 ms，焊接速度为 700 mm/min；③ 电流为 140 A，脉冲频率为 45 Hz，脉冲宽度为 2.5 ms，焊接速度为 800 mm/min。图 4-50(a)、(b)、(c)分别为①、②、③组参数下的焊接接头宏观金相图。

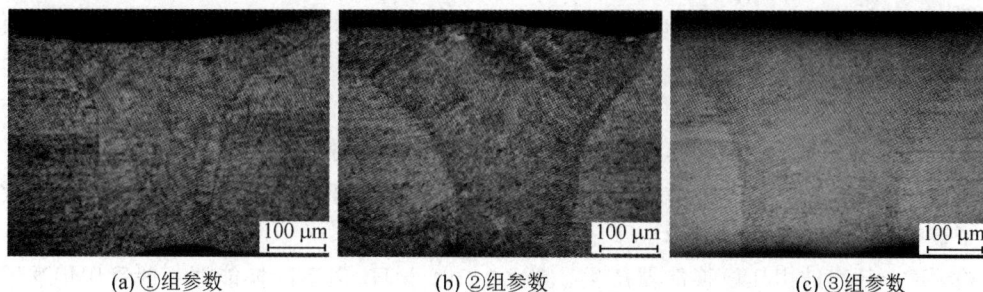

(a)①组参数　　　　　　　(b)②组参数　　　　　　　(c)③组参数

图 4-50　焊接接头宏观金相图

　　对激光焊接接头进行放大，利用 500 倍金相显微镜观察整个接头的表面形貌，具体如图 4-51 所示。

　　从图 4-51 可以看出，焊缝中心为细小且排列无序的等轴晶。形成这种组织形貌的原因是：由于母材是未熔化状态，而固态金属的导热率高，故焊缝边界处温度梯度大，结晶速

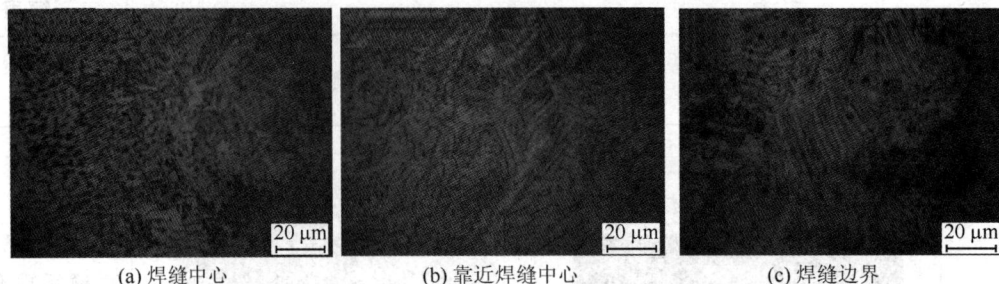

(a) 焊缝中心   (b) 靠近焊缝中心   (c) 焊缝边界

图 4-51　焊接接头微观金相图

度小，其成分过冷区小，原本是倾向于形成柱状晶，但激光焊接熔池小，冷却速度快，整个焊缝几乎是同时冷却，在焊缝边界处，刚开始结晶速度极快，随后结晶速度减慢，这样就容易形成树枝晶；在很短的时间内，随着凝固的进行，固液界面向焊缝中心推进，温度梯度不断减小，结晶速度不断增大，使其成分过冷区逐渐增大，所以靠近焊缝中心的焊缝中部的枝晶开始减小，并逐渐变得杂乱无序；固液界面推进到焊缝中心时，其温度梯度已经非常小，液相中的成分过冷区非常大，整个焊缝中心几乎是同时凝固的，这时，液相内部会生核，生成新的晶粒，从而在焊缝中心处形成等轴晶。

4.4　激光焊接质量的无损检测

4.4.1　激光焊接接头无损检测类型及原理

无损检测是激光焊接接头质量检测中必不可少的有效工具。无损检测主要有超声检测（UT）、射线照相检测（RT）、磁粉检测（MT）和渗透检测（PT）等四种检测方式。

1. 超声检测的原理与要求

超声检测是指利用超声波在介质中的传播特性，根据反射波或透射波的强度、相位、指向等声学指标进行目标探测。超声波作为一种机械波，与被检测物间的相互作用不同于光、电子束及 X 射线等电磁波，它的传播是通过介质材料内分子的振动而进行的，一个分子的振动传递到相邻的分子，超声波通过这种方式不断地向周围传播。因此超声波传播的基本要素是介质，而且这些介质的分子间距越小，传播的速度越快。这些不同的物理效应决定了接收信号的特征，从而形成了显微照片的对比度。

检测时，超声波由压电换能器产生。频率在 100 MHz 以下的换能器一般采用铌酸锂晶体、石英晶体或其他陶瓷；100 MHz 以上的换能器多采用 ZnO 等压电晶体。这些换能器受到电子间歇脉冲的激发会在其固有频率下振荡，也可以在高频电磁场的激发下做受迫振荡。

当超声波与被测物发生相互作用之后，换能器收集已经发散的反射波，并将它们转变为平面波，之后再转变为电信号。

超声波扫描显微镜正是利用超声波对物体内部进行成像的无损检测设备。超声波扫描显微镜采用脉冲回波技术工作,由特定的声学组件发射和接收高重复率的短超声脉冲,声波与被测样品发生相互作用后,反射波被接收并转换为视频信号。如果要形成一幅声学图像,那么扫描机构需在样品上方来回做扫描运动,样品每一点反射波的强度及相位信息均被按顺序同步记录,并转换为具有一定灰度值的像素点,显示在高分辨率显示屏上。目前较为常用的超声波成像方法主要有 A 型成像、B 型成像和 C 型成像,具体见图 4-52。

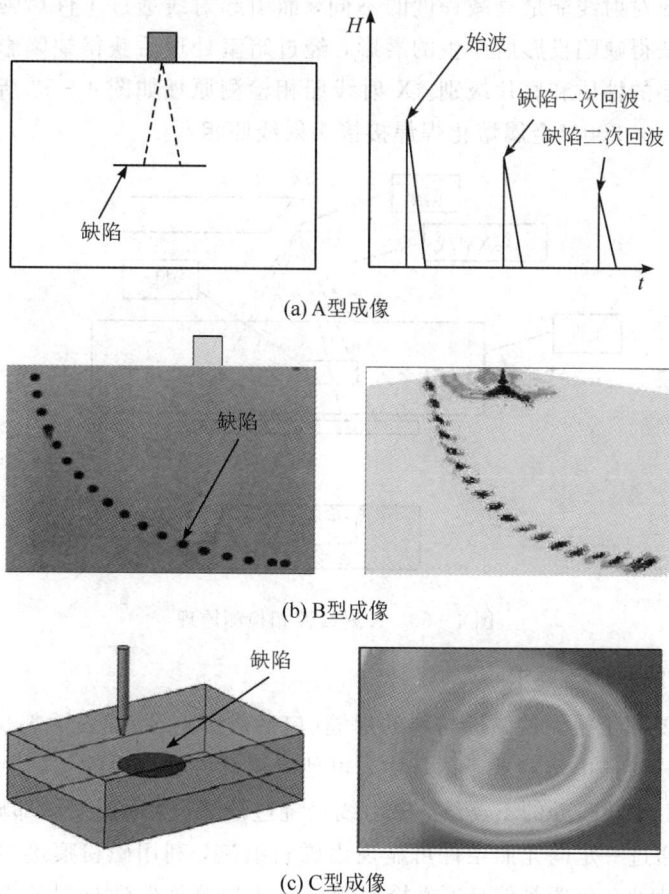

(a) A型成像

(b) B型成像

(c) C型成像

图 4-52　超声检测原理

　　GB/T 11345—2013《焊缝无损检测 超声检测 技术、检测等级和评定》对超声检测的人员和设备要求、检测区域等均有详细的规定,但是此标准也明确指出,本标准仅仅适用于母材厚度不小于 8 mm 的低超声衰减(特别是散射衰减小)金属材料熔化焊焊接接头手工超声检测技术,本标准也主要应用于母材和焊缝均为铁素体类钢的全熔透焊缝。而相应的地方标准(如 DB44/T 1852—2016《奥氏体不锈钢薄板对接焊接接头超声检测》)或行业标准(如 DL/T 1105.2—2010《电站锅炉集箱小口径接管座角焊缝无损检测技术导则 第 2 部分:超声检测》)等对焊接接头形状、焊接材料和尺寸、焊接方法均有所限定。仅做简单研究以用于改进焊接工艺时,可以不依据相应标准,但是在进行评定时一定要依据相应标准。

2. 射线照相检测的原理与要求

　　以 X 射线为例,介绍射线照相检测的原理与要求。X 射线照相检测是利用 X 射线可以穿透物质和在物质中具有衰减的特性来发现缺陷的一种无损检测方法。X射线的波长很短，一般为$0.001 \sim 0.1$ nm。X射线以光速直线传播，不受电场和磁场的影响，可穿透物质，且在穿透过程中有衰减，能使胶片感光。当X射线穿透物质时，由于射线与物质的相互作用，将产生一系列极为复杂的物理过程，其结果是射线被吸收和散射而失去一部分能量，强度相应减弱，这种现象称为射线的衰减。X射线照相检测的实质是根据被检验工件与其内部缺陷介质对射线能量衰减程度的不同，而引起射线透过工件后强度的差异，使感光材料（胶片）上获得缺陷投影所产生的潜影，经过暗室处理后获得缺陷影像，再对照标准评定工件内部缺陷的性质和底片级别。X射线照相检测原理如图4-53所示。相关检测要求详见GB/T 3323—2005《金属熔化焊焊接接头射线照相》。

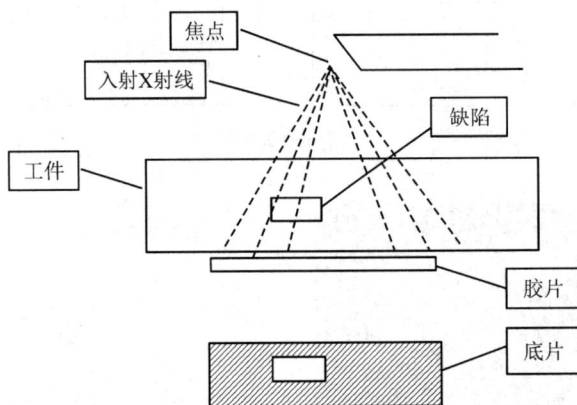

图4-53　X射线照相检测原理

3. 磁粉检测的原理与要求

磁粉检测主要用于检测铁磁性材料的焊缝（包括热影响区）的表面裂纹等表面缺陷。通过将铁磁性材料直接通电流或置于磁场中，可使其磁化。磁化后的被检测材料分布的磁力线遇到缺陷时，由于缺陷处的不连续，磁力线会绕过缺陷，从而产生局部畸变的漏磁。漏磁场将吸引磁粉，通过一定的光照条件可显现出磁粉痕迹，利用磁粉痕迹的不连续性可间接地检测出缺陷的大小、位置等信息。磁粉检测仅限于检测铁磁性材料的表面或近表面的缺陷，一般用于检测铁磁性材料焊接接头表面和近表面缺陷（如裂纹）。但是磁粉检测不能发现被检测工件的内部缺陷，无法确定缺陷深度。磁粉检测原理如图4-54所示。相关要求见GB/T 26951—2011《焊缝无损检测 磁粉检测》。

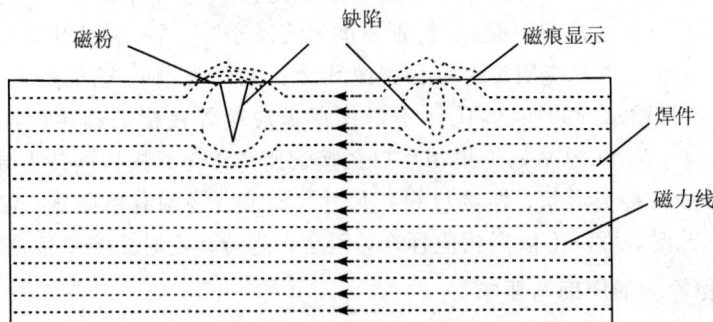

图4-54　磁粉检测原理

4. 渗透检测的原理与要求

渗透检测法是一种操作比较简单的无损检测方法。渗透检测中用到的着色渗透探伤剂包括渗透剂、清洗剂和显像剂。通过在被检测试样表面施加含有色泽和荧光物质的渗透剂，利用毛细管现象渗入，使渗透剂留在缺陷内，接着洗去表面多余的渗透剂，再涂上一层显像剂，借毛细管吸附作用，使缺陷中的渗透剂吸出。通过色泽对比或紫外线照射激发荧光物质发光，从而将缺陷的图像显现出来。渗透检测一般用于检测非吸收性焊接材料（如钢铁、有色金属等）的表面开口的缺陷，如裂纹、气孔、疏松、夹杂及其他开口于表面的缺陷，渗透检测只能检测表面缺陷，不能显示缺陷的深度、缺陷内部的形状和尺寸。渗透检测原理如图 4-55 所示，流程步骤见图中箭头所指方向。详细检测要求见 GB/T 26953—2011《焊缝无损检测 焊缝渗透检测 验收等级》。

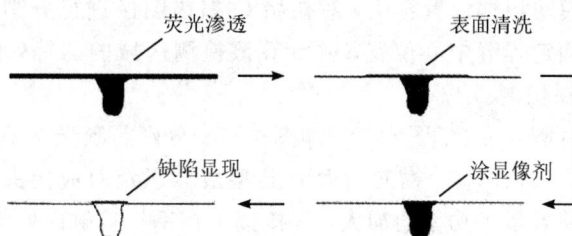

图 4-55　渗透检测原理

4.4.2　实例分析

1. 实例 1：不锈钢薄板激光焊搭接接头超声波检测

数据来源：谷晓鹏. 不锈钢薄板激光焊搭接接头超声波检测研究[D]. 长春：吉林大学，2013.

焊接设备：Trudisk 4002 盘式固体激光器，额定功率为 4 kW，激光光束的波长为 1.06 μm，光纤直径为 0.6 mm，焦距为 250 mm。

焊接材料：SUS301L 奥氏体不锈钢板材，上、下板材的厚度分别为 0.5 mm 和 1 mm。

焊接工艺：焊接接头采用平板搭接形式，如图 4-56 所示。分别采用 1 kW、1.5 kW、2 kW、3 kW 的功率进行焊接。

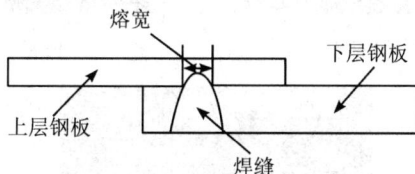

图 4-56　焊接接头示意图

超声检测设备：检测系统硬件主要由工业计算机、超声激励接收模块、超声探头、精密两轴运动平台、伺服电机、驱动器以及运动控制卡组成。超声波检测系统软件采用 Visual C++ 平台进行研发，主要由超声参数设置模块、超声波发射与接收模块、实时数据采集模块、运动控制模块、数据处理与图像显示模块、数据库存储模块以及人工回放分析模块构成。

超声检测参数：探头频率为 10 MHz，扫描区域为 4 mm×4 mm，X、Y 向步长均为 0.02 mm。软件启动后首先加载超声探头参数、扫描参数、信号预处理参数等，进行系统设置，在接收到开始检测的指令后，软件通过运动控制模块将探头移至起始扫描点。在每个扫描点，探头保持静止，同时产生方波激励信号。在激励信号的作用下，探头内部晶片产生高频振动，激发出脉冲超声波。在接收到内部结构的反射回波信号后，软件按照设定的采样率将信号转化为数字量，并储存于缓冲区内，完成一次 A 扫描检测。之后，探头移动至下一个扫描点，进行同样的 A 扫描检测。在完成所有扫描点的检测后，探头回到原点位置。数据处理模块首先对每个 A 扫描信号进行去噪处理，并提取能够反映两层钢板接触面处熔合状态的特征量，构成一个二维矩阵，然后按照一定的编码规则将其转化为该扫描区域的 C 扫描图像。后处理模块根据内置算法，对初始 C 扫描图像进行分割处理，然后对图像的焊缝特征进行识别，确定焊缝中心位置，并计算该检测区域内的等效熔合宽度，从而完成激光焊搭接接头的无损检测。

检测结果与分析：图 4-57、图 4-58 和图 4-59 分别是激光功率为 1.5 kW、2 kW 和 3 kW 的焊接接头的 C 扫描图像、横向剖面的 B 型成像以及对应接头的横截面照片。从图中可以清晰地看出，随着激光功率的加大，焊接接头在钢板接触面处的熔合宽度随之增大。在与之对应的剖面 B 型成像中，在上层钢板下表面的第一次反射回波时刻，存在一个具有一定宽度的断口。该断口即表示在沿焊缝横向的任一条扫描线上，对应焊缝的扫描点获得的上层钢板下表面反射回波幅值很小。断口的宽度即可以理解为该扫描线所对应的接头内部的熔合宽度。当接头内部钢板接触面处的熔合宽度存在差异时，相应 B 型成像内的断口随之变化，这也充分说明，使用上层钢板下表面的反射回波幅值来构建的 C 扫描图像，能够清晰地表征接头扫描区域内部的熔合宽度。

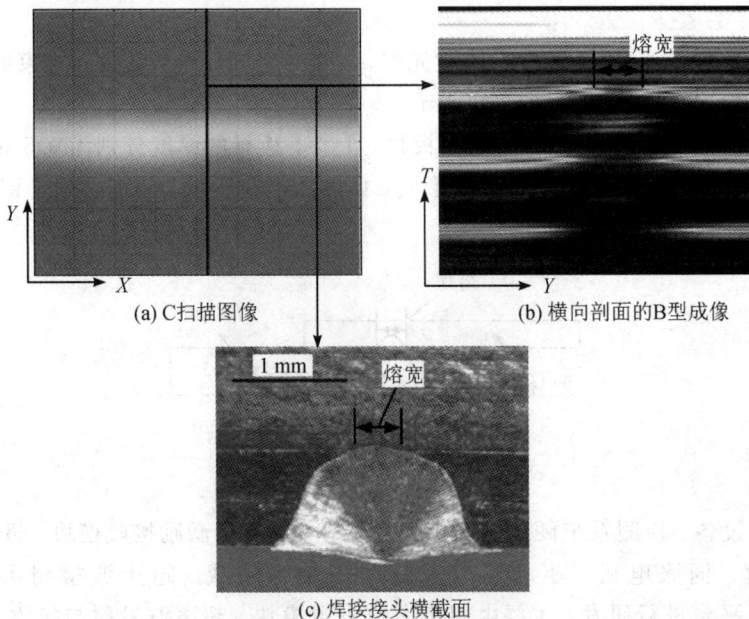

(a) C扫描图像　　　　　　　　(b) 横向剖面的B型成像

(c) 焊接接头横截面

图 4-57　1.5 kW 的焊接接头的 C 扫描图像、横向剖面的 B 型成像和横截面

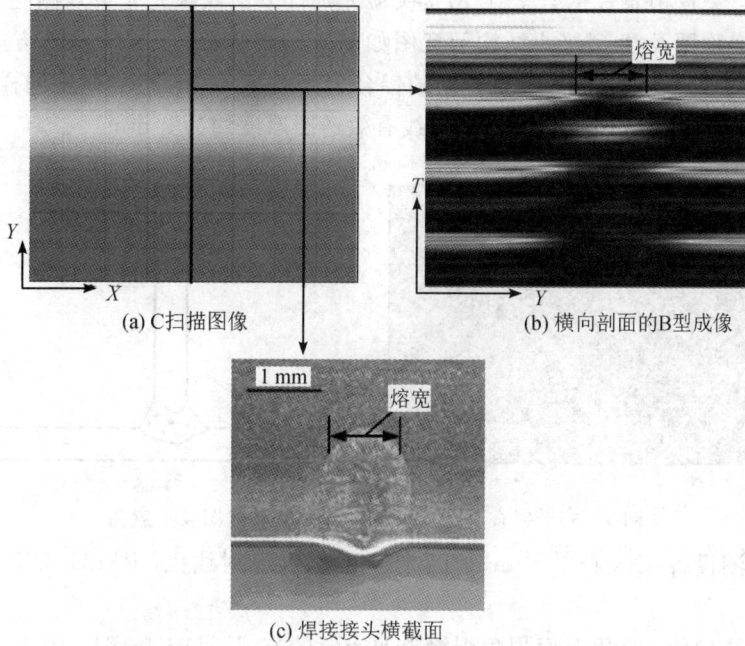

(a) C扫描图像

(b) 横向剖面的B型成像

(c) 焊接接头横截面

图 4-58　2 kW 的焊接接头的 C 扫描图像、横向剖面的 B 型成像和横截面

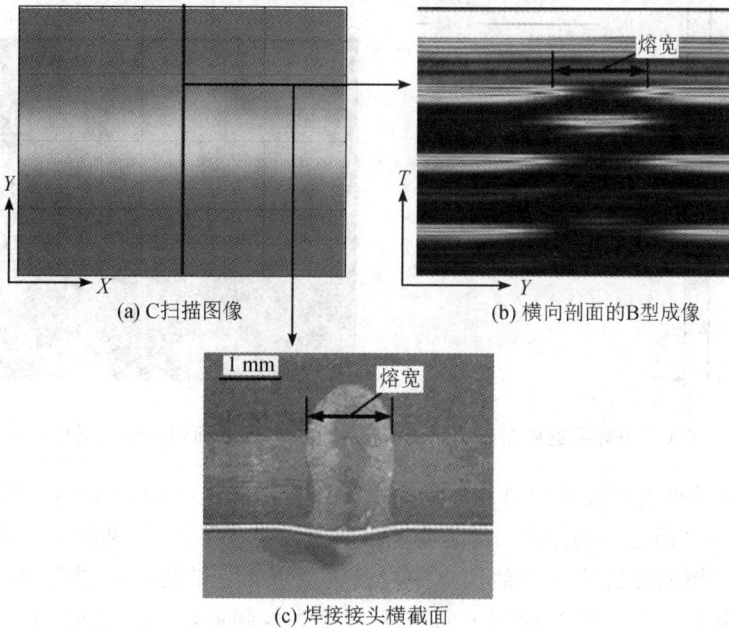

(a) C扫描图像

(b) 横向剖面的B型成像

(c) 焊接接头横截面

图 4-59　2 kW 的焊接接头的 C 扫描图像、横向剖面的 B 型成像和横截面

2. 实例 2：铝合金激光焊接接头 X 射线检测

数据来源：周健. 基于 X 射线实时成像的铝合金激光焊接缺陷识别技术研究[D]. 南京：南京航空航天大学，2016.

焊接材料：铝合金。

　　焊接工艺：蒙皮桁条式铝合金 T 型接头激光焊件采用双激光光束双侧同步焊接工艺制造而成，焊件实物图及 T 型接头结构示意图如图 4 - 60 所示。其中，水平方向的铝合金薄板(称为蒙皮)的厚度为 2 mm；竖直方向的铝合金薄板(称为桁条)的厚度同样为 2 mm。焊件单侧焊缝宽度约为 2 mm，焊缝处 X 射线有效透照厚度约为 3 mm。

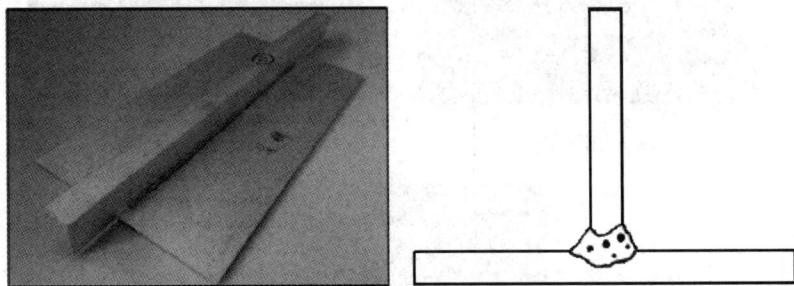

图 4 - 60　铝合金 T 型接头激光焊件实物图及示意图

　　X 射线检测设备：Xsafe™ Sourer T80 SC 便携式 X 射线机，PS1313DX X 射线平板探测器。

　　X 射线检测参数：采用双面焊角焊缝透照布置的方式(见图 4 - 61、图 4 - 62)进行 X 射线实时成像检测。

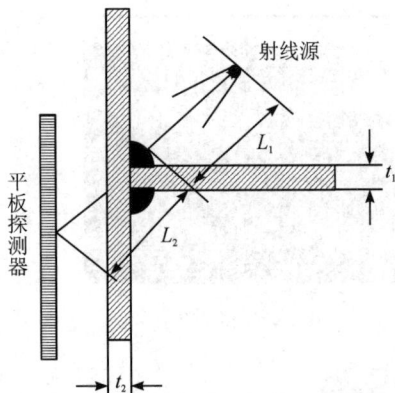

图 4 - 61　双面焊角焊缝透照布置示意图　　图 4 - 62　双面焊角焊缝透照布置实物图

　　L_1 为 X 射线机焦点位置到单侧焊缝表面的距离，即为 145 mm，L_2 为单侧焊缝表面到平板探测器成像平面之间的距离，即为 205 mm，t_1、t_2 分别为 T 型接头焊件加强桁条和蒙皮的厚度。为了使成像后的 X 射线图像中焊缝区域清晰且缺陷分布层次分明，试验时使 X 射线束垂直于焊缝表面，即 X 射线方向与 T 型接头加强筋(桁条)之间的角度为 45°。X 射线的焦距 F 为 350 mm，管电流 I 为 0.3 mA，管电压 U 为 60 kV，放大倍数 M 为 2.4。

　　检测结果与分析：图 4 - 63 为含缺陷的铝合金激光焊件 X 射线数字图像，由于铝合金激光焊缝较窄，因此在铝合金激光焊件 X 射线数字图像中，焊缝只占了整幅 X 射线图像中的极少部分区域，同时，焊接缺陷也仅存在于焊缝内部区域。

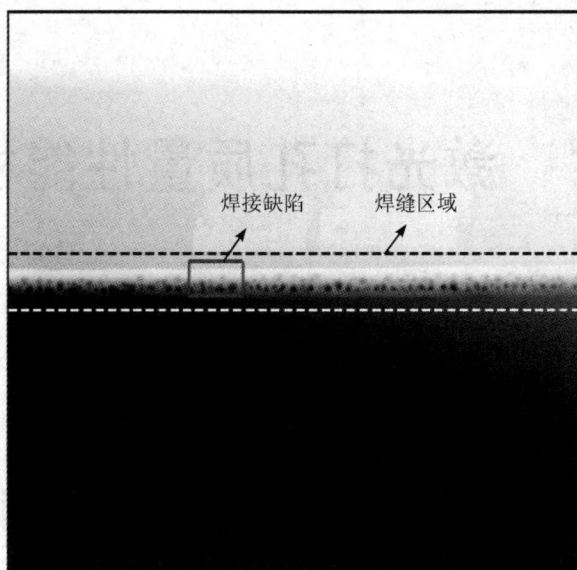

图 4-63　含缺陷的铝合金激光焊件 X 射线数字图像

第5章 激光打孔质量性能检测

5.1 激光打孔技术简介

激光打孔是在工业生产中最早达到实用化的、较成熟的激光加工技术。1962年人们就已经开展了红宝石激光器对金刚石打孔的研究。随着激光技术的发展，钕玻璃激光器、CO_2激光器、Nd：YAG激光器、准分子激光器、飞秒激光器等，均被用来进行激光打孔研究。激光打孔主要用于金刚石拉丝模、硬质合金喷嘴、拉制化学纤维的喷丝头以及金属、陶瓷、橡胶等多种材料工模具及零部件上的各类单孔或群孔的加工。

5.1.1 激光打孔的基本原理

激光打孔过程是一个激光和物质相互作用的热物理过程。激光和工件相互作用时，存在着许多不同能量的转换过程，包括反射、吸收、汽化、再辐射和热扩散等，这些转换过程是由激光光束特性（包括激光波长、脉冲宽度、偏振方向、聚焦状态等）和材料本身的热物理特性所决定的。

激光打孔在激光加工中属于激光去除类，被称为蒸发加工。激光打孔的原理如图5-1所示。当激光功率密度达到$10^6 \sim 10^9$ W/cm^{2}时，就能使各种类型的被加工材料（包括陶瓷）熔化或汽化。图5-2是几种激光加工过程所需要的激光功率密度。

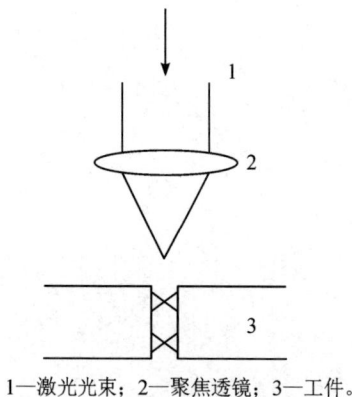

1—激光光束；2—聚焦透镜；3—工件。

图5-1 激光打孔原理图

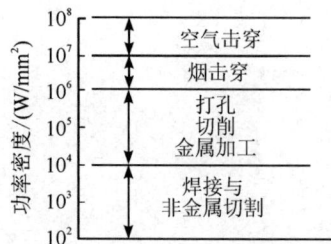

图5-2 激光加工过程所需要的激光功率密度

下面以激光脉冲为例分析激光打孔的过程。如图5-3所示，通常把激光脉冲分成5个小段，"1"段为前缘，"2""3""4"段为稳定输出，"5"段为尾缘。当"1"段进入材料后，材料开始被加热，由于材料表面有反射，加热缓慢；渐渐地，热向材料内部传导，造成较大区域材料温度的升高。此段过程中相变以熔化为主，相变区面积大而深度浅。当"2"段进入材料后，因材料相变使加热显得剧烈得多，熔融区面积缩小而深度增加，孔径开始收敛。"3""4"段进入材料后，打孔过程相对稳定，材料的汽化比例剧增至最大程度，形成孔的圆柱段。当"5"段进入材料后，材料的加热已临近终止，汽化及熔化迅速趋于结束，从而形成了孔的尖锥形孔底。

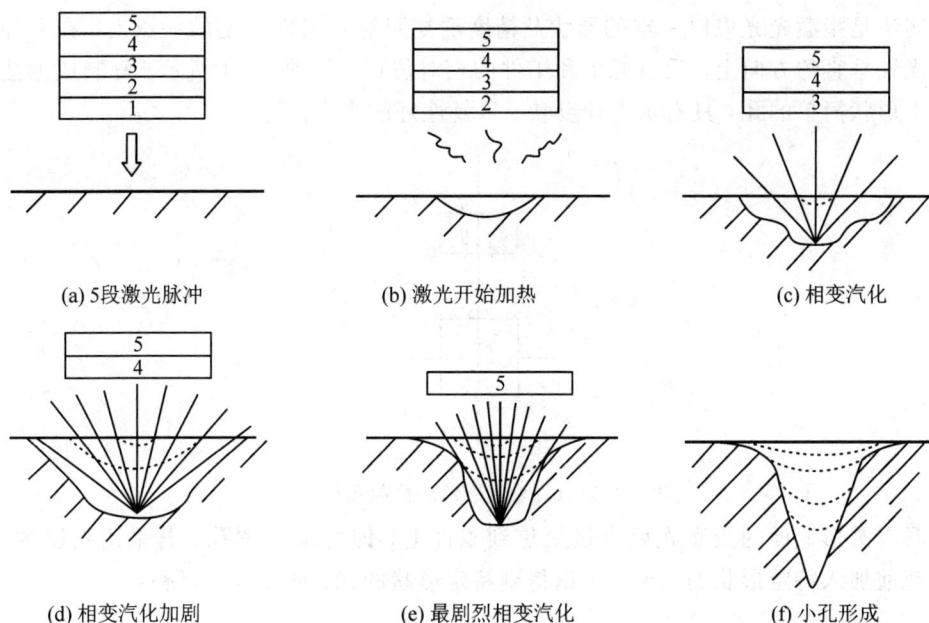

(a) 5段激光脉冲　　　　　(b) 激光开始加热　　　　　(c) 相变汽化

(d) 相变汽化加剧　　　　　(e) 最剧烈相变汽化　　　　　(f) 小孔形成

图 5-3　激光打孔过程示意图

由此可见，物质的蒸发和熔化是促使激光在材料上打孔的两个基本过程。其中，增大孔深主要靠蒸发，增大孔径主要靠孔壁熔化和剩余蒸气压力排出液体。在大多数情况下，功率密度为 $10^6 \sim 10^9$ W/cm^2 的激光辐射脉冲一旦开始作用，就可以观察到飞溅物的形成和飞散。以后，随着凹坑尺寸在直径和深度方面的增加，在飞溅物中，材料的熔化物占了大部分，它们在凹坑的侧壁和底部形成，并且被蒸气的剩余压力排挤出来。

5.1.2　激光打孔的特点

激光打孔主要用于小孔、窄缝的微细加工，多孔、密集群孔的加工，以及在倾斜面上进行的斜孔加工等。

激光打孔与机械钻孔、电火花加工等其他加工方法相比，具有以下优点：

(1) 激光打孔属于无接触加工，避免了普通钻头打孔时所产生的钻头磨损、断裂及损坏等问题。

(2) 几乎所有的材料均可采用激光打孔，无论是金属或非金属（如陶瓷、玻璃、石英、金刚石、塑料等），尤其对高强度、脆性材料的打孔具有优越性，且打孔速度快，效率高，没有污染。被加工工件的氧化、变形、热影响区也非常小。

（3）激光能打微型孔（孔径可达微米级），也可打深孔和深宽比（孔深与孔径之比）很大的孔。例如在 20 号钢板打孔时，最大深宽比可达 65∶1。

（4）激光打孔方便灵活，激光易对复杂形状的零件打孔，也可在真空中打孔。

（5）激光打孔对工件的装夹要求不高，易实现生产线上的联机和自动化。

5.1.3　激光打孔的方法

1. 复制法

复制法是指激光光束以一定的形状及精度重复照射到工件固定的一点上，在和加工激光光束光轴垂直的方向上，没有光束和工件的相对位移，如图 5-4 所示。复制成型法主要用于加工形状简单的孔，具有加工速度快、重复性好的优点。

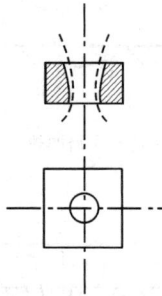

图 5-4　采用透镜法控制孔径

将具有圆形截面的激光光束直接聚焦到工件上，即可加工圆孔。若采用投影的方式，在聚焦镜前加入特定形状的光阑，可以得到特定形状的孔，如图 5-5 所示。

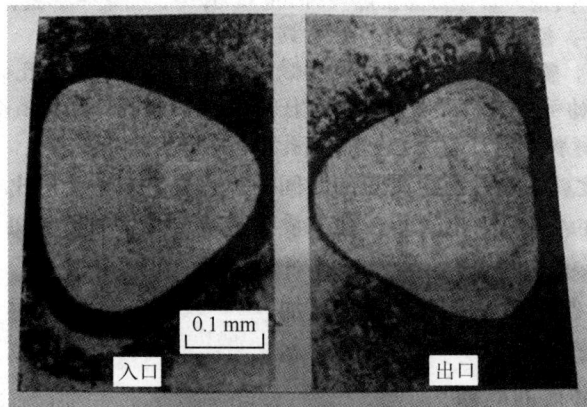

图 5-5　投影法在 0.3 mm 厚不锈钢板上打异形孔

2. 轮廓迂回法

轮廓迂回法是指由激光光束和被加工工件相对移动的轨迹来决定加工表面的形状的打孔方法，如图 5-6 所示。利用轮廓迂回法，可以对形状复杂的变截面孔进行加工，并可获得精度很高的孔形。

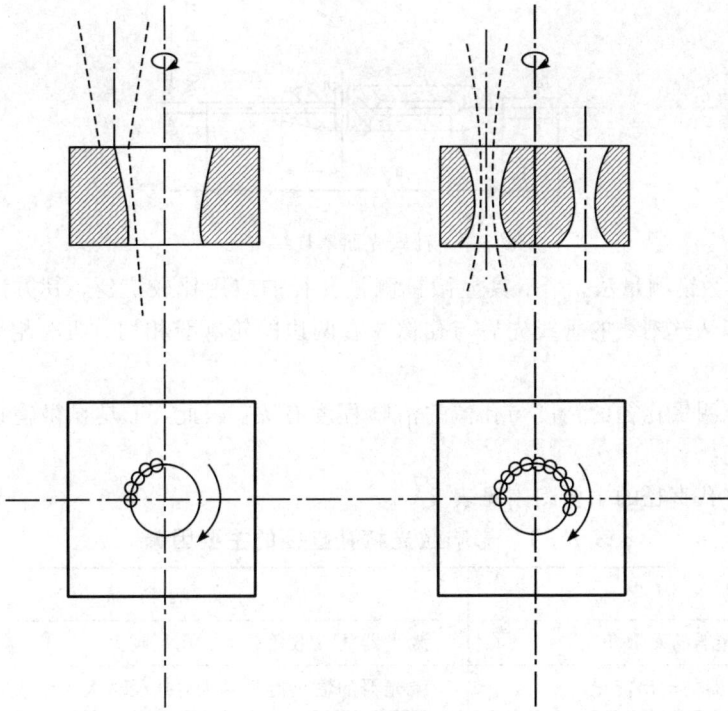

图 5-6　轮廓迂回法打孔示意图

5.2　激光打孔的质量性能检测

激光打孔质量的检测指标主要有孔径、孔深、孔的深径比、孔的锥度、孔的不圆度、孔的粗糙度等。采用一定的测量手段对激光打孔的指标进行测量，并与图纸的要求进行对照，判断合格与否，即完成了激光打孔的质量检测。

5.2.1　孔径的测量

孔径是激光打孔质量检测中主要的检测指标。测量孔径比较常用的方法有针式光面塞规法和工具显微镜测量法。

（1）针式光面塞规法。当对被测小孔的精度要求不太高时，可以用针式光面塞规法进行测量。直径为 0.1~1 mm 的针式光面塞规的实物图和结构尺寸如图 5-7、图 5-8 所示。

图 5-7　针式光面塞规实物图

用针式光面塞规法测量孔径的优点是测量方便、结果直观。但当孔口有毛刺或孔内粗糙不平时，所测量的直径不够精确。

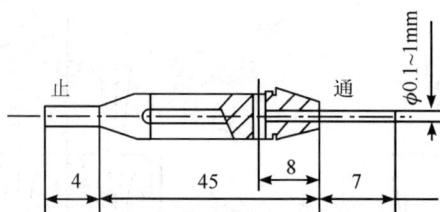

图 5-8　针式光面塞规结构图

（2）工具显微镜测量法。用工具显微镜测量孔径的应用比较广泛，其方法为用显微镜分划板上的十字叉丝刻线的垂线先后与孔像左右两边的轮廓线相切，两次相切时读数之差即为孔径值。

工具显微镜测量孔径的精度与孔像的清晰程度有关。因此，工具显微镜适合用于测量精度很高的小孔。

影响激光打孔直径的主要因素见表 5-1。

表 5-1　影响激光打孔直径的主要因素

影 响 因 素	影 响 情 况
激光器的发散角	激光器的发散角越大，孔径越大
激光器的输出能量	激光器的输出能量越大，孔径越大
聚焦透镜的焦距	聚焦透镜的焦距越短，孔径越小
工件加工表面与透镜焦点之间的距离	若加工表面偏离焦点，则孔径会变大，但若是偏离过大，则会打不出孔
材料性质	一般对熔点高、导热性好的材料打的孔径小

5.2.2　孔深的测量

在通孔的情况下，孔的深度即为板的厚度，一般使用卡尺测量。在盲孔的情况下，可以使用直径小于孔径的探针进行测量。通过测量探针进入部分的长度来确定孔深。当激光加工的盲孔底部不够平滑时，孔深的测量结果会有误差。

影响孔深的主要因素见表 5-2。

表 5-2　影响孔深的主要因素

影 响 因 素	影 响 情 况
激光器的输出能量	孔深随激光器输出能量的增大而增大
激光的脉冲宽度	为增加孔深，对导热性好的材料要用较短的脉冲宽度；对导热性差的材料可采用较长的脉冲宽度
激光器的模式*	相同的能量，若激光器的模式采用基模，则打的孔较深
激光的照射次数	为了得到小而深的孔，可以采用多次照射
聚焦透镜的焦距	短焦距透镜打的孔小而深，一般焦距为 15～50 mm，但焦距过短，透镜容易被玷污或损坏

注：＊表示激光器发出的激光光束，其横向截面上光强具有特定的分布，这种分布形式称为模式，也称为横模。激光器以单一模振荡，称为单模；最低次单模称为基模，它的光强分布呈高斯曲线形。

5.2.3　孔的深径比测量

孔的深径比是激光加工深微孔中衡量打孔质量的一个指标。激光加工出深孔的孔形呈锥形或腰鼓形，一般选取最小孔径作为孔深径比的孔径值。孔深小于 10 mm 时，孔形呈上大下小的锥形，最小孔径在光的出口处；当孔深大于 10 mm 时，孔形呈腰鼓形，一般最小孔径在距离入光口 2/5 孔深处。

5.2.4　孔的锥度测量

孔的锥度的简单测量方法是通过测量孔的上、下口直径，获得直径差值 Δd，再用孔的深度 h 算出孔的锥度 α 值（见图 5-9）。

$$\tan \frac{\alpha}{2} = \frac{\Delta d/2}{h} = \frac{\Delta d}{2h} \qquad (5-1)$$

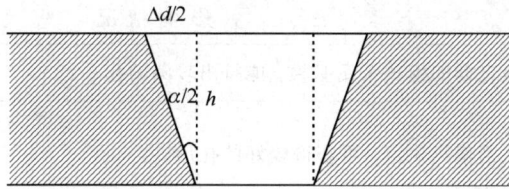

图 5-9　孔的锥度的测量

孔的锥度是衡量孔的质量的重要指标，锥度越大说明所加工的孔的质量越差。影响打孔锥度的主要因素见表 5-3。

表 5-3　影响打孔锥度的主要因素

影响因素	影响情况
激光器的输出能量	采用小能量加工的孔细而尖；能量提高，锥度减小；能量再提高，孔呈腰鼓形
激光的照射次数	小能量多次照射，可减小锥度
聚焦透镜的焦距	一般焦距短，锥度小，但孔呈腰鼓状；而焦距越大，孔的锥度越大
工件加工表面与透镜焦点之间的距离	焦点与加工表面之间的距离不同，孔的截面形状也不同
聚焦透镜的结构	孔的锥度与透镜的数值孔径呈正比
孔的深径比	孔的锥度随着孔的深径比增大而增大

5.2.5　孔的不圆度测量

孔的不圆度表示了孔的横剖面内的形状误差，它是同一横剖面实际轮廓的最小外接圆和最大内切圆所构成的两同心圆的半径差，即：$\Delta = R_{\max} - R_{\min}$，因此，孔的不圆度的测量可通过前面提到的孔直径的测量方法，再用上式计算求出，其中最大、最小半径如图 5-10 所示。

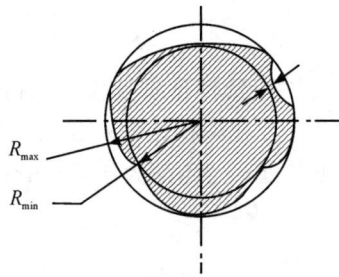

图 5-10　最大、最小半径

为了获得高质量的孔，需要提高激光加工孔的圆度。影响打孔圆度的主要因素见表 5-4。

表 5-4　影响打孔圆度的主要因素

影响因素	影响情况
激光器的模式	激光器的模式采用基模，能打出较圆的孔
工件加工表面与物镜焦点之间的距离	适当偏离焦点，可获得较好的孔形
聚焦物镜的结构	为了打出圆孔，必须用消球差物镜
光学系统调整	当激光光束的光轴和聚焦物镜的光轴重合，并垂直于工件表面时，才能加工出圆孔；光斑圆时可打出较圆的孔
附加装置	工件背面加正压、负压或放置反射镜可提高圆度；采用通气喷嘴可提高圆度
激光器的输出能量	为保证孔的圆度，需选择适当的输出能量

5.2.6　孔的粗糙度测量

由于激光打孔的孔径一般都比较小，因此孔的粗糙度很难使用常规的粗糙度测量仪测量，一般采用与表面光洁度标准样板比较的方法来确定粗糙度。这一方法较为简便，但评定的准确性很大程度上取决于检验人员的经验。

5.3　实例分析

5.3.1　金属材料的打孔

傅炳炎等人采用光纤激光对厚度为 0.12 mm 的 SUS304 材料进行回转法打孔，得到最佳参数，即切割速度为 12 mm/s，占空比为 8%，重复频率为 1.5 kHz，功率比为 85%，辅助气体压力为 0.8 MPa。在此参数下得到的最小打孔锥度为 0.05°。从微孔形貌外观(见图 5-11)可以看出，孔边缘热影响区较小，孔的圆度较好，孔内壁残余刮渣较少。

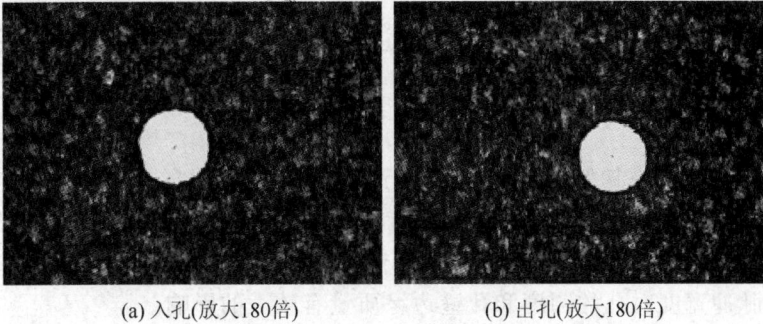

(a) 入孔(放大180倍)　　　　　　　　(b) 出孔(放大180倍)

图 5-11　微孔形貌

陈岱民研究了碳钢的激光打微孔，研究结果表明孔径的大小主要取决于激光功率、激光脉宽和离焦量。其中激光功率对孔径影响最显著，孔径随激光功率的增大而增大，如图 5-12、表 5-5 所示。随着激光脉宽的增加，碳钢上的孔径逐渐减小；激光频率的变化对孔径无明显的影响；较小的离焦量可以获得较小的上孔径，但是下孔径会随着离焦量的增大呈减小的趋势。

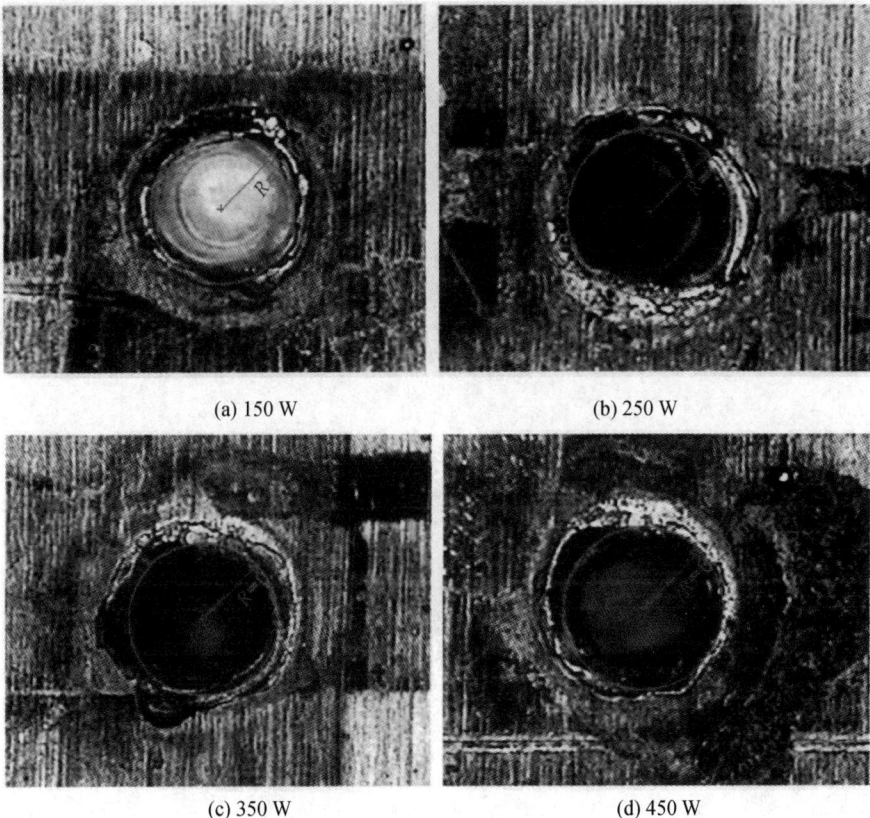

(a) 150 W　　　　　　　　(b) 250 W

(c) 350 W　　　　　　　　(d) 450 W

图 5-12　不同能量的激光在 35 号钢上打孔的上孔径图

表 5-5　不同能量的激光在 35 号钢上打孔的上孔径数据

激光功率/W	150	250	350	450
上孔径/mm	0.352	0.386	0.404	0.406

5.3.2　非金属材料的打孔

汪军利用纳秒激光在橡胶阻尼材料上进行了打孔实验，观察了脉冲激光作用下橡胶阻尼材料所呈现的特殊现象，并分析了其机理，在实验的基础上分析了橡胶阻尼材料激光打孔的工艺，重点讨论了打孔中脉冲宽度对橡胶材料微小孔加工质量的影响。如图 5-14 所示，可以看出脉冲宽度对孔的圆度和孔壁边缘质量有较大的影响。

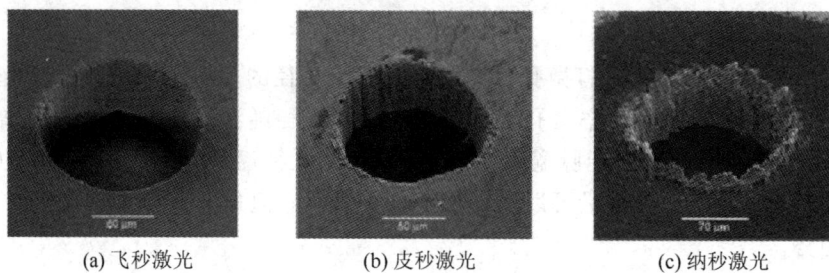

(a) 飞秒激光　　　　(b) 皮秒激光　　　　(c) 纳秒激光

图 5-13　采用不同的脉宽进行激光打孔

第6章　选择性激光烧结(SLS)质量性能检测

6.1　选择性激光烧结(SLS)技术简介

选择性激光烧结(Selective Laser Sintering，SLS)技术又称为激光选区烧结，是快速成型(Rapid Prototyping，RP)制造技术中重要的一个分支，也是目前发展最快和应用最广的技术之一。它与光固化成型(Stereo Lithography Appearance，SLA)、分层实体制造(Laminated Object Manufacturing，LOM)构成了激光快速成型技术的核心。与其他快速成型技术相比，SLS 具有选材广泛、无需设计和制造复杂支撑结构、可直接生产注塑模、电火花加工电极，以及可快速获得金属、塑料零件等功能性零件的优点，因此 SLS 受到了越来越广泛的重视。选择性激光烧结的基本原理见图 6-1，该工艺是利用红外线板将粉末材料加热至恰好低于烧结点的某一温度，然后用计算机控制激光光束，按原型或零件的截面形状扫描平台上的粉末材料，使其受热熔化或烧结，继而平台下降一个层厚，用热辊将粉末材料均匀地分布在前一个烧结层上，再用激光烧结。如此反复，逐层烧结成型。

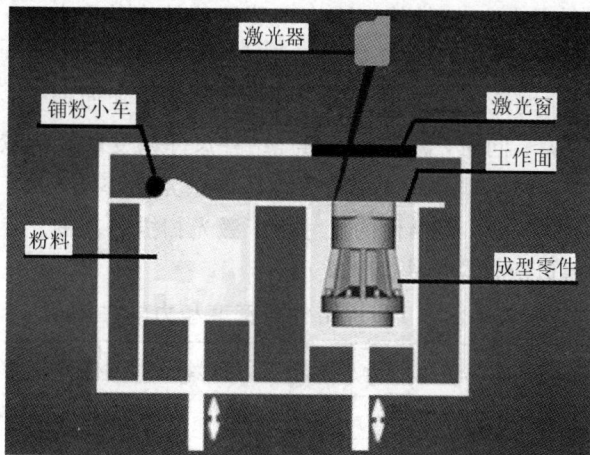

图 6-1　选择性激光烧结工艺原理图

选择性激光烧结工艺与其他快速成型工艺相比，适用的材料广，几乎所有粉末(如塑料粉末、金属粉末、陶瓷粉末等)都可以应用。烧结材料是 SLS 技术发展的关键环节，它对烧结件的成型速度和精度及其物理机械性能起着决定性作用，直接影响到烧结件的应用以及

SLS 技术与其他快速成型技术的竞争力。因此，在 SLS 技术方面有影响力的公司（如 3D Systems 公司、EOS 公司）都在大力研究激光烧结材料，有很多科研机构和一些从事材料生产的专业公司也加入激光烧结材料的研究开发当中。目前已开发出多种激光烧结材料，按材料性质可分为以下几类：金属基粉末材料、陶瓷基粉末材料、覆膜砂、高分子基粉末材料等。同时，选择性激光烧结制造工艺简单，可以直接生产复杂形状的原型型模、三维构件或部件及工具，未烧结的粉末可以重复再利用。选择性激光烧结还具有精度高、材料利用率高等特点。

6.2 选择性激光烧结制件性能的影响因素

选择性激光烧结快速成型的烧结过程中，能够影响到烧结制件性能的参数很多，如表 6-1 所示。

表 6-1　选择性激光烧结制件性能的影响因素

影响因素	激光参数	材料参数	铺粉过程参数
具体参数	光斑直径，功率稳定性，波长，激光功率，扫描速度，扫描间距，扫描路径规划	粒度，粒度分布范围，形貌，组成，比热，熔点	辊筒平动速度，辊筒转动速度，转动方向，振动频率，辊筒直径，摩擦因数，铺粉层厚

在这些影响因素中，激光参数对制件性能的影响十分显著。激光参数主要包括激光功率、扫描速度以及扫描间距等。这些激光参数共同决定了粉末层所接受的激光能量大小，从而进一步决定了烧结件的组织结构、性能以及尺寸精度等。表 6-2 是聚碳酸酯（Poly Carbonate，PC）烧结件的密度和力学性能随激光功率的变化情况。由表 6-2 可见，烧结件的密度、拉伸强度、拉伸模量和冲击强度均随激光功率的增加而增大；断裂伸长率则相反，随激光功率的增加而下降。同时，激光功率对烧结件尺寸精度的影响较大，如图 6-2 所示，当激光功率很小时，烧结件的误差较大，因为过低的激光功率不足以使粉末粒子良好地黏结，试样的边缘部位尤其如此，烧结件的尺寸小于激光扫描的范围。随激光功率增加，试样边缘部位的烧结情况得以改善，尺寸误差减小。

表 6-2　PC 烧结件的密度和力学性能

激光功率/W	密度/(g/cm³)	拉伸强度/MPa	断裂伸长率/%	拉伸模量/MPa	冲击强度/(kJ/m²)
6	0.257	0.39	52.1	2.19	0.92
7.5	0.343	1.32	35.6	7.42	1.37
9	0.384	1.89	32.8	10.62	2.14
10.5	0.416	2.04	31.4	13.24	2.81
12	0.445	2.18	30.7	15.97	2.98
13.5	0.463	2.29	30.1	17.13	3.13

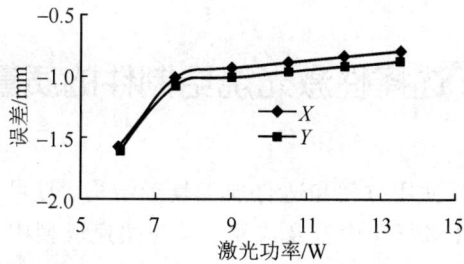

图 6 - 2　激光功率对 PC 烧结件尺寸精度的影响

　　激光功率对烧结制件的致密度及断面形貌具有显著影响。当激光功率很低时，如图 6 - 3(a)所示，烧结件的粉末粒子仅在相互接触的部位轻微地烧结在一起，单个粉末粒子仍保持原来的形状。随激光功率的增加，如图 6 - 3(b)所示，粉末粒子的形状发生了较明显的变化，粒子的形状从原来的不规则形状变得接近于球形，粒子表面变光滑。因为随激光功率的提高，粉末吸收的能量增加，温度升高较多；在玻璃化转变温度 T_g 以上，烧结件分子链的表观黏度随温度升高而迅速降低，大分子链段的活动能力增大，在表面张力的作用下，颗粒趋于球形化，表面也变光滑。继续增加激光功率，如图 6 - 3(c)、(d)所示，烧结颈明显增长，小粒子合并成大粒子，孔隙变小，从而使烧结件的致密度提高。

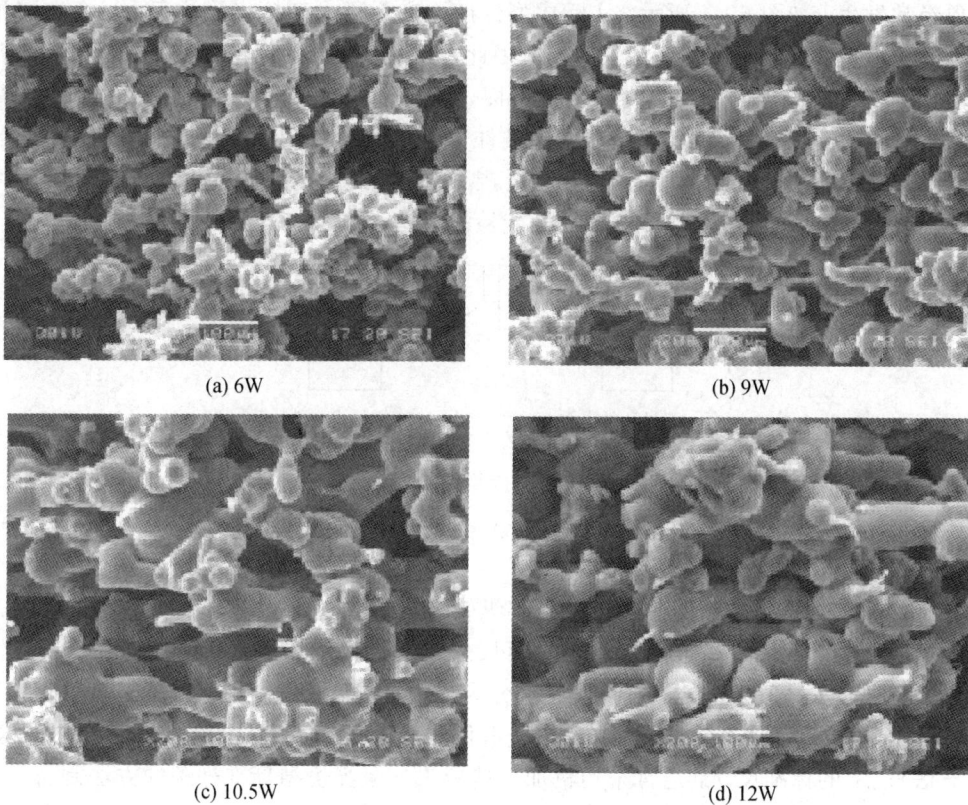

(a) 6W

(b) 9W

(c) 10.5W

(d) 12W

图 6 - 3　不同激光功率下的烧结试样断面 SEM 照片

6.3 | 选择性激光烧结制件的质量性能检测

选择性激光烧结技术因使用方便和适合加工复杂结构，且可选材料广泛，并无须额外添加支撑结构等优点，在许多行业中普及应用，且与快速成型中的其他加工方法相比，能够通过烧结金属粉末加工工业零件也是其优势所在。选择性激光烧结技术作为一种加工手段，其最终目的是能够直接烧结出满足工业使用要求的零件。因此要求烧结件除了达到足够的精度，还需要满足其他的使用性能要求。

通常，对 SLS 制件质量性能的检测主要包括力学性能、尺寸精度、密度、耐热性四个方面的检测。其中力学性能主要包括拉伸性能、冲击性能、弯曲性能和硬度。SLS 制件的拉伸性能是材料承受轴向拉伸载荷下测定的材料性能指标，获得的主要性能指标包括拉伸强度、伸长率、弹性模量和屈服强度。SLS 制件的冲击性能是材料承受冲击载荷下测定的能力指标，主要包括冲击强度。SLS 制件的弯曲性能是材料承受弯曲载荷下测定的性能指标，主要包括弯曲强度。SLS 制件的硬度是材料抵抗其他较硬物体压入其表面的性能指标，主要包括布氏硬度、洛氏硬度、邵氏硬度、莫氏硬度和维氏硬度。在 SLS 成型加工过程中，翘曲现象经常发生，如图 6-4 所示，实际成型件翘曲变形对成型精度影响很大，会造成很大的尺寸形位误差，甚至导致加工无法进行。因此，对于 SLS 制件我们要测定它的尺寸精度。SLS 制件的密度是决定制件比强度的重要指标，通常我们还需要对 SLS 制件的密度进行测量。SLS 制件的耐热性能是材料在受热的条件下是否能保持其优良的物理机械性能的指标，常用的测定方法有三种：马丁耐热试验、热变形温度试验和维卡软化点试验。

下面我们分别介绍 SLS 制件的质量性能检测方法。

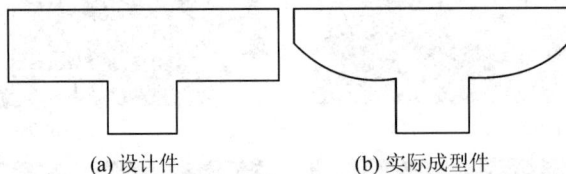

(a) 设计件　　　　　　　(b) 实际成型件

图 6-4　SLS 成型件的翘曲变形

6.3.1　拉伸性能检测

选择性激光烧结拉伸试验是对试样沿其纵轴方向施加静态拉伸载荷使其破坏，通过测量试样的屈服力、破坏力和试样标距间的伸长求得试样的屈服强度、拉伸强度、弹性模量和断裂伸长率。一般来讲，SLS 制件通常分为塑料制件、金属制件、陶瓷制件和覆膜砂制件，如图 6-5 所示。对于金属制件，我们一般依照 GB/T 228—2002《金属材料　室温拉伸试验方法》规定的标准尺寸，通常采用机加工或者直接激光烧结标准样条的方法制备。金属材料性能测试方法已在激光切割和激光焊接章节讲解，因此这里我们主要介绍塑料烧结制件拉伸性能测试。对于塑料制件，我们通常依照 GB/T 1040—92《塑料拉伸性能试验方法》规定的 Ⅱ 型试验标准尺寸，如图 6-6、表 6-3 所示，其中总长 L 为 115 mm，夹具间的距离为 80 mm，中间平行部分长度为 33 mm，标距为 25 mm，端部宽度为 25 mm，试样的厚度为 2 mm，试样中间平行宽度为 6 mm，小半径为 14 mm，大半径为 25 mm。试样通常采用激光烧结工艺制备。图 6-7 为采用德国 EOSP396 激光 3D 打印机烧结的尼龙标准拉伸试样。

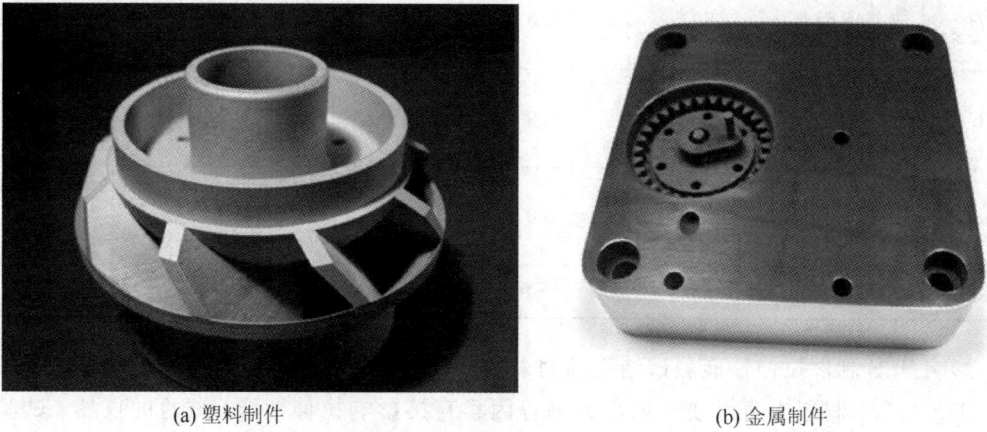

(a) 塑料制件　　　　　　　　　　　　　　　　(b) 金属制件

图 6-5　SLS 制件

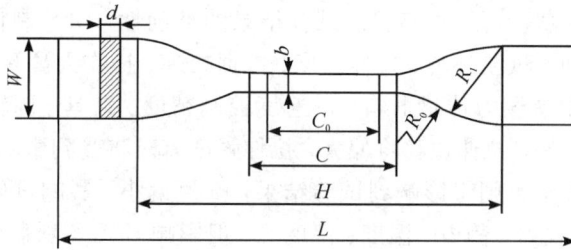

图 6-6　SLS 塑料制件拉伸性能测试试样

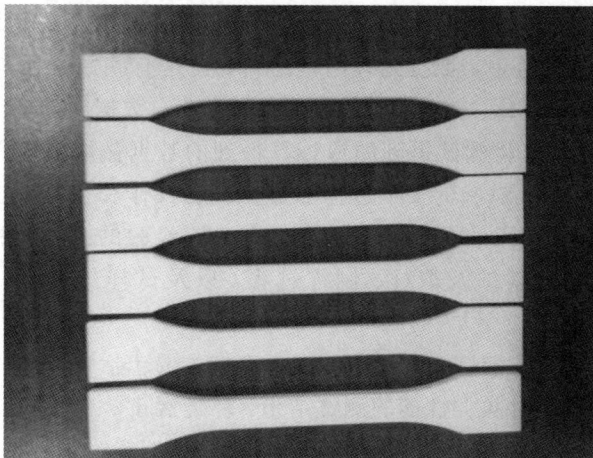

图 6-7　激光烧结尼龙标准试样

表 6 - 3　SLS 塑料制件拉伸性能测试标准尺寸

符号	名称	尺寸	公差	符号	名称	尺寸	公差
L	总长(最小)	115	—	d	厚度	2	—
H	夹具间距离	80	±5.0	b	中间平行部分宽度	6	±0.4
C	中间平行部分长度	33	±2.0	R_0	小半径	14	±1.0
C_0	标距(或有效部分)	25	±1.0	R_1	大半径	25	±2.0
W	端部宽度	25	±1.0				

　　影响 SLS 制件拉伸性能测试结果的因素很多,有内在因素,也有外在因素。除了 SLS 加工工艺参数、材料本身性质和内部缺陷等因素直接影响拉伸性能,试验的仪器、试验制备与处理、试验环境、操作过程、数据处理和试验人员等外部因素也会影响我们的试验结果。通过了解这些外部因素对试验结果的影响,在测试过程中通过认真操作和严格控制来降低和避免这些误差,从而可以提高我们试验结果的准确性。SLS 制件拉伸性能的影响因素主要包括材料试验机、试验环境、拉伸速度、数据处理、操作人员等。材料试验机影响拉伸试验结果的因素主要有测力传感器精度、速度控制精度、夹具、同轴度和数据采集频率等。试验机的同轴度不好,拉伸位移将偏大,拉伸强度有时将受到影响,结果偏小。试验数据采集的频率也要适中,否则将影响到试验结果,峰值偏小。影响试验结果的环境因素非常多,如污染、振动、辐射、静电、温度、湿度等,但影响 SLS 塑料制件拉伸试验结果的主要因素是温度和湿度,温度和湿度的变化都会造成试验结果的误差,因此 SLS 塑料制件拉伸性能测试必须在恒温恒湿条件下进行。做拉伸试验时,拉伸速度变化,其力学行为也将发生改变。一般情况下,拉伸速度快,屈服应力和拉伸强度将增大,而断裂伸长率将减小。材料试验机多数由计算机控制,数据处理已程序化,但是有些数据还是依靠人为测试和计算的,如试样尺寸、位移变化、伸长率计算及脱机试验等。数据的处理采取"四舍五入"的原则,要以测量误差为依据,将测试得到的或计算得到的数据截取成所需的位数,对舍去的位数按"四舍五入"处理。试验的整个过程都是在人的操作和控制下进行的,人为因素不可避免地会影响到试验结果。即便是精细认真且有实践经验的人做试验,每次试验结果也都不会完全一致。人为因素涉及取样、制样过程,以及试样的处理、试验过程、数据处理等。

　　选择性激光烧结制件拉伸性能测试前的准备工作主要包括试验环境的调节和试样尺寸的测定。对于 SLS 塑料制件拉伸性能的测试结果,环境温度、湿度和放置时间等外界条件对制件的影响很大。

　　根据国家标准 GB/T 2918—1982 的规定,拉伸性能测试的标准试验环境温度通常为 $(23±2)℃$,相对湿度为 $45\%～55\%$。测试前试样要在此环境中至少放置 4 小时。试样尺寸的测定,在塑料试样中部距离标距每端 5 mm 以内测量试样中间平行部分的宽度和厚度,宽度精确至 0.1 mm，厚度精确至 0.02 mm。每个试样测量 3 个点，取算术平均值。拉伸试验中我们至少需要测量 5 根试样的尺寸，测量完成后，即可进行拉伸性能测试。

拉伸性能测试需要使用拉力试验机。根据负荷测定的方法不同，拉力试验机可以分为两类，一种是用杠杆和摆锤的组合测力系统测定负荷的试验机，称为摆锤式拉力试验机；另一种是用换能器将负荷转变为电信号的测力系统测定负荷的试验机，称为电子拉力试验机。实验室一般采用的是电子拉力试验机，电子拉力试验机现在大多采用万能实验机进行拉伸试验的测试，如图 6-8 所示。它的结构主要包括底座、支架、横梁、夹具、引伸计、控制面板和高低温环境箱。底座里面包含了拉伸机器的大部分控制及传感系统，上夹具固定在横梁上，可以随横梁的运动而运动，它是活动夹具；下夹具固定在底座上，它不能活动，是固定夹具。引伸计是用于测量试样在拉伸过程中的断裂伸长率的部件。高低温环境箱用于不同温度下试样力学性能的测试。无论哪种试验机更换夹具后，都可以进行拉伸、压缩、弯曲、剪切、撕裂、剥离等常规力学性能测试。

图 6-8 电子万能拉力机

选择性激光烧结制件拉伸性能的测试，主要包括以下几个步骤：① 测量试样的宽度和厚度。每个试样在有效部分测量 3 个点，取算术平均值。② 根据不同试样选择合适的夹具，把试样垂直地夹紧。不要太紧，以免在夹持处造成伤痕影响拉伸强度；也不要太松弛，以免拉伸时发生滑动影响测试。还要注意勿使试样受横向力，防止扭断试样，对脆性的小试样更须小心。例如，要测量形变时，把形变装置的夹持器夹在试样有效部分划线上。③ 根据试样种类，并按国家标准试验方法中规定的试验速度范围，选择一个合适的拉伸速度。然后在拉伸仪器面板或者软件上选择相应的速度给定值。④ 检查一遍试验要求的条件，如温度、速度是否正确，记录仪、测力系统是否准备停当。一切就绪才能开始试验，直到试样断裂为止。试样断裂后可自动停机，也可手动停机。

6.3.2 冲击性能检测

选择性激光烧结制件的冲击强度可以通过冲击试验获得。冲击强度是指试样在冲击载荷的作用下折断或折裂时，单位截面积所吸收的能量。冲击性能试验是在冲击负荷作用下测定材料的冲击强度，是用来衡量塑性材料在经受高速冲击状态下的韧性或断裂的抵抗能力。

　　一般冲击性能测试的试验方法包括摆锤式冲击弯曲试验、落球式冲击试验和高速拉伸冲击试验。摆锤式冲击弯曲试验机有简支梁型和悬臂梁型。这两种试验机都是将试样放在冲击规定的位置上，然后使摆锤自由落下，试样因受到冲击弯曲的力而被冲断，用冲断试样时所消耗的功除以冲击面积（试样横切面积），就得到单位面积上抗冲击弯曲的强度，称为冲击强度，单位为 kJ/m^2。图 6-9 是简支梁型冲击试验机，它的部件主要包括摆锤、操纵杆、主动指针、被动指针和支撑块。图 6-10 是摆锤式悬臂梁冲击试验机，它的部件主要包括操纵杆、刻度盘、指针、试样支座、摆锤、虎钳和底座。图 6-11 是落球式冲击试验机，它需要的试样数目较多，制样也比较麻烦，只适用于块状材料。简支梁冲击试验机和摆锤式悬臂梁冲击机操作方便，在生产和科研部门中被广泛使用。

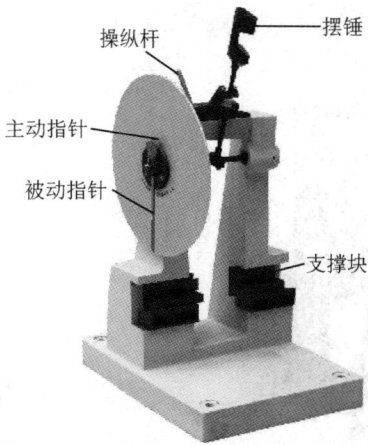

图 6-9　简支梁冲击试验机

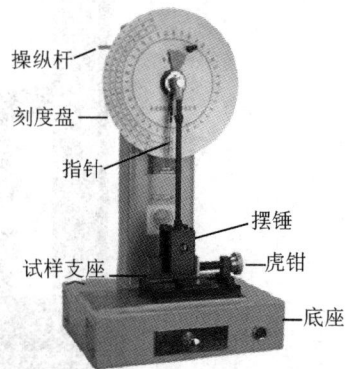

图 6-10　摆锤式悬臂梁冲击试验机

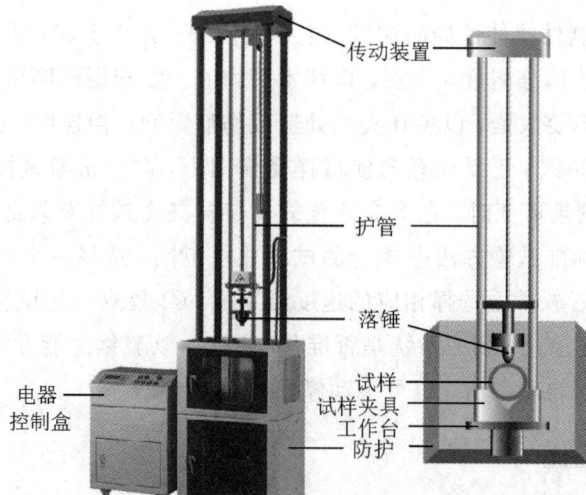

图 6-11　落球式冲击试验机

对于常用的摆锤式悬臂梁冲击试验机,它的实验原理是把摆锤抬高,并置挂于机架的扬臂上以后,摆锤便获得了一定的位能,此时扬角为 α,如图 6-12 所示。

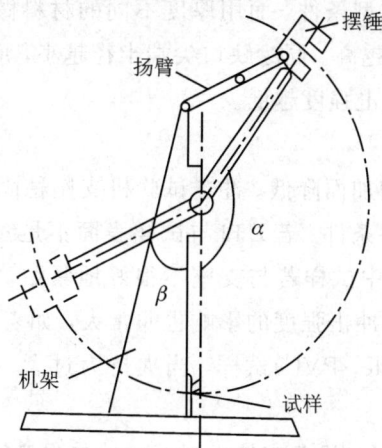

图 6-12　摆锤式冲击试验机工作原理图

当摆锤自由落下时,位能转化为动能将试样冲断。冲断试样后,摆锤仍以剩余能量升到某一高度,升角为 β,在整个冲击试验过程中,按照能量守恒原则写成如下关系:

$$WL(1-\cos\alpha)=WL(1-\cos\beta)+A+A_\alpha+A_\beta+\frac{1}{2}mv^2 \qquad (6-1)$$

式中:W 是摆锤重量,L 是摆锤的摆长,α 是摆锤冲击前的扬角,β 是冲断试样之后摆锤的升角,A 是冲断试样所消耗的功,A_α 是摆锤在 α 角内克服空气阻力所消耗的功,A_β 是摆锤在 β 角内克服阻力所消耗的功,$\frac{1}{2}mv^2$ 是试样断裂时飞出部分所具有的能量。通常式(6-1)中后面三项都可忽略不计。这样冲断试样时所消耗的功为

$$A=WL(\cos\beta-\cos\alpha) \qquad (6-2)$$

在式(6-2)中,除 A 外,其他参数均为已知数,因此根据摆锤冲断试样后的升角的大小,即可绘出读数盘,由读数盘可直接读出冲断试样时所消耗的功的数值。

选择性激光烧结件冲击性能的测试试验结果主要受以下因素影响。

(1)冲击过程的能量消耗。

冲击过程中消耗的能量主要包括试样发生弹性和塑性形变所需的能量,使试样产生裂纹和裂纹扩展断裂所需的能量,试样断裂后飞出所需的能量,摆锤和支架轴、摆锤刀口和试样相互摩擦损失的能量,摆锤运动时试验机固有的能量损失。

(2)温度和湿度。

测定时的温度对冲击强度有很大影响。温度越高,SLS 塑料制件分子链运动的松弛过程进行越快,冲击强度愈高。相反,当温度低于脆化温度时,几乎所有的塑料都会失去抗冲击的性能。当然,结构不同的各种聚合物,其冲击强度对温度的依赖性各不相同。

湿度对有些塑料的冲击强度也有很大的影响。如尼龙类塑料,特别是尼龙 6、尼龙 66 等在湿度较大时,其冲击强度,更主要的是韧性大为增加,在绝干状态下几乎完全丧失冲

击韧性。这是因为水在尼龙中起着增塑剂和润滑剂的作用。

（3）试样尺寸

当使用同一配方和同一成型条件，而用厚度不同的材料做冲击试验时，所得的冲击强度不同，厚度越大，冲击强度越高。同时缺口尖端半径越小，应力集中系数越大，冲击时产生初裂纹所需能量也越小，冲击强度越低。

（4）试验设备。

冲击强度随冲击速度的增加而降低。冲击试验机支座稳固和冲击摆锤刀口与试样被打击面很好吻合都是试验的重要条件。若刀口与试样表面不是线接触，则易产生局部应力集中，从而使结果偏低。若试验中试样若与支座不很好地紧贴，则易产生多次冲击而使结果不准。另外设备的夹持力对其冲击强度的影响也非常大，如表 6-4 所示，对于酚醛模塑料和聚氯乙烯(Polyvinyl Chloride，PVC)试样，当夹持力过大、适中和过小时它的冲击强度都有所变化。

表 6-4　设备夹持力对试样冲击强度的影响

材料	酚醛模塑料			PVC		
夹持力	过大	适中	过小	过大	适中	过小
冲击强度/(kJ/m^2)	1.19	1.34	1.45	9.17	7.17	11.4
变异系数/%	21	9.7	15	23.6	11.9	27

简支梁和悬臂梁冲击试验的试样均为矩形截面的长条形，分无缺口试样和缺口试样，有 3 种不同的缺口类型和 4 种不同的尺寸类型，如图 6-13、图 6-14 和表 6-5 所示。图 6-15 为激光烧结尼龙 I 型冲击试样。

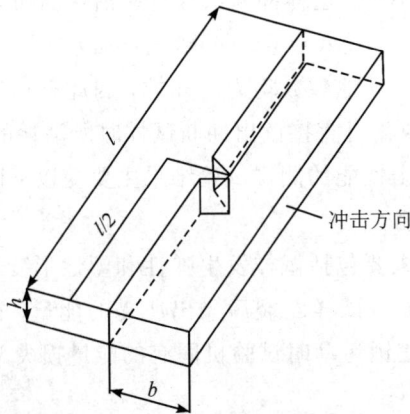

图 6-13　简支梁试样

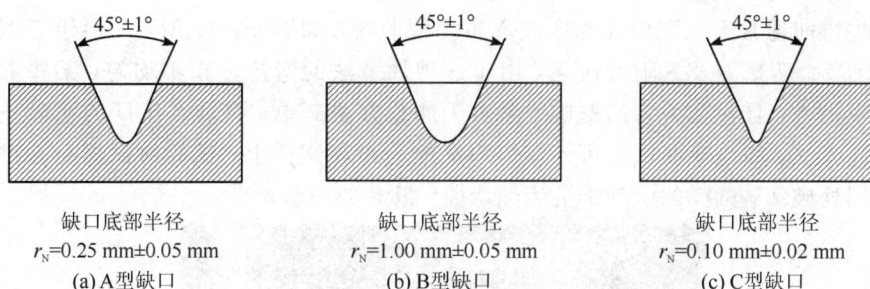

缺口底部半径
$r_N=0.25$ mm±0.05 mm

(a) A型缺口

缺口底部半径
$r_N=1.00$ mm±0.05 mm

(b) B型缺口

缺口底部半径
$r_N=0.10$ mm±0.02 mm

(c) C型缺口

图 6-14　缺口类型

表 6-5　冲击试样尺寸类型

试样类型	长度 l/mm	宽度 b/mm	厚度 h/mm
1	80±2	10±0.5	4±0.2
2	50±1	6±0.2	4±0.2
3	120±2	15±0.5	10±0.5
4	125±2	13±0.5	13±0.5

图 6-15　激光烧结尼龙 I 型冲击试样

　　SLS 试样冲击性能的测试步骤主要包括：① 测量试样尺寸。试验前对每个试样的尺寸要进行仔细测量，带缺口的试样要测量缺口处的剩余宽度，准确至 0.02 mm；测量每个试样的宽度、厚度尺寸时，要测量 3 个点，取其算术平均数。② 根据试样的抗冲击韧性，选用适当的能量摆锤，所选的摆锤应使试样断裂所消耗的能量在摆锤总储量的 10%～80% 范围内。③ 使试验机的摆锤扬起，同时做空击试验，放下摆锤冲击三次，观察指针指示是否为零。④ 冲击时摆锤的摆头应与试样的整个宽度相接触，接触线应与试样纵轴垂直，误差不大于 1.8 弧度，摆锤冲击后回摆时，使摆锤停止摆动，并记下刻度盘上的数值。

6.3.3　弯曲性能检测

　　选择性激光烧结制件的弯曲试验常用于检验材料在经受弯曲载荷下的性能，生产中常用弯曲试验来评定材料的弯曲强度和塑性变形的大小。它的测试原理是将试样支撑成横梁，使其在跨度中心以恒定速度弯曲，直至试样断裂或变形达到预定值，测量该过程中对试样施加的压力，如图 6-16 所示。在弯曲性能测试试验过程中，对材料施加一弯曲力矩，使材料发生弯曲通常有三点弯曲和四点弯曲两种形式，如图 6-17 所示。对于三点弯曲试验，试样在最大弯矩处及其附近破坏，由于这种加载法的弯矩分布不均匀，某些部位的缺陷不易显现出来，且存在剪力的影响，但由于加载方法简单，目前在工厂的实验室中最常用的还是此方法。四点弯曲试验可使弯矩均衡地分布在试样上，试验时试样会在该长度上的任何薄弱处破坏，试样的中间部分为纯弯曲，没有剪力影响。

图 6-16　弯曲试验

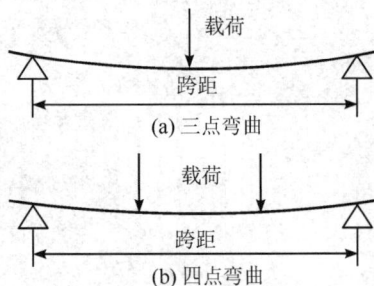

图 6-17　弯曲试验加载示意图

除 SLS 工艺参数对制件弯曲性能有影响以外，材料内部缺陷和本身性质将直接影响SLS 制件弯曲性能，其次人员操作和试样尺寸等测试条件也会影响试验结果。例如，试样尺寸的测量、试验跨度的调整、压头与试样的线接触和垂直状况，以及挠度值零点的调整等都会对测试结果造成影响。现行的塑料弯曲试验采用对试样施加静态三点式弯曲负荷的测定方法，而在三点式弯曲试验中，试样除上、下表面和中间层外，任何一个横截面上都同时有剪力和正应力，且分别与弯矩的大小有关，其中剪力或弯矩最大的截面，也就是最危险截面。应变速率的影响只有在较慢的试验速度下才能使材料近似地反映其松弛性能和自身存在不均匀或其他缺陷的客观真实性。若上压头半径过小，则容易在试样上产生明显的压痕，此时压头与试样之间不是线接触，而是面接触；若压头半径过大，对于大跨度就会增大剪力的影响，容易产生剪切断裂。因此，为消除产生各种差异的可能性，使试验结果可比，ISO178、ASTM D790M、DIN 53452 以及 JIS K7203 等国际或国外的标准中均规定上压头半径的尺寸为(5+0.1)mm，与我国的国家标准相一致。和其他力学性能一样，弯曲强度也与温度有关，各种材料的弯曲强度均随试验温度的增加而下降。弯曲性能测试试样的标准尺寸为：大于或等于 80 mm 的长，(10+0.5)mm 的宽，(4+0.2)mm 的厚。

SLS 试样弯曲性能的测试步骤主要有：

(1) 测量试样中间部位的宽度和厚度，宽度准确至 0.05 mm，厚度准确至 0.01 mm，各测量 3 个点，并取其算术平均值。

(2) 在拉力试验机上，装上弯曲夹持器、上压头。调节好试验跨度 L，放置好试样，加工面朝上，如图 6-18 所示。

(3) 按选好的试验速度加载，待试样断裂或屈服停止试验。试验中注意检查跨度是否改变，如果改变此次试验作废。

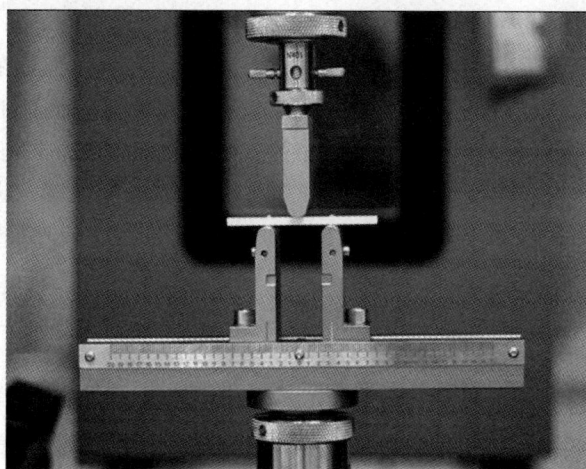

图 6-18　SLS 样品弯曲试验样品夹持

6.3.4　耐热性能检测

SLS 制件(如尼龙与聚丙烯制品)的耐热性能是指其与热或温度有关的性能的总称。SLS 制件的耐热性能的指标主要是热稳定性，包括尺寸稳定性、负荷下的热变形温度、收缩率和热膨胀等。

尺寸稳定性是指材料在机械力、热或其他外界条件的作用下，其外形尺寸不发生变化的性能。它的测试原理是在测量的过程中，通过在选定温度下恒温加热试样，直至试样中分子的体系达到稳定状态，然后将试样从加热装置中取出，在标准环境下冷却至室温，通过测量试样尺寸的变化衡量材料在尺寸上的稳定性。一般我们用尺寸变化率或收缩率来表示材料的尺寸稳定性，主要包括三个(长度、宽度、厚度)方向的尺寸稳定性，样品的尺寸变化率可以按以下公式进行计算：

$$S_L = \frac{L - L_0}{L_0} \times 100\% \qquad (6-3)$$

$$S_W = \frac{W - W_0}{W_0} \times 100\% \qquad (6-4)$$

$$S_D = \frac{D - D_0}{D_0} \times 100\% \qquad (6-5)$$

其中，S_L、S_W、S_D 分别表示试样在长度、宽度和厚度上的变化率，L 代表试验后的试样长度，W 表示试验后试样的宽度，D 表示试验后试样的厚度，L_0、W_0、D_0 代表试样的初始长度、宽度和厚度。

每个试样以最大值计算结果，通常取三个试样的算数平均值作为结果，负值表示收缩，最后用绝对值表示。

SLS 制件的尺寸稳定性的测试结果主要受制样和外界测试条件的影响。试样的边缘对试验的结果有影响，为了避免边缘材料的热稳定性的影响，可以适当地加大试样尺寸。在测试过程中，大多数试样是水平放置在支撑物上的，还可以在支撑物上涂抹润滑剂，以减小支撑物与试样之间的摩擦。试验的温度对测试的结果影响较大，一般要求烘箱温度的上下浮动在 2℃ 以内，要注意开、关烘箱门时的动作要快。

材料的热变形能力是指材料在外力（如重力、弯曲力、剪切力等）作用下，由于温度升高而产生变形的一种能力。负荷下的热变形温度是衡量塑料耐热性能的主要指标之一。高分子材料的热变形性能，往往与其玻璃化温度、软化点和熔点等性能有关。为了测量材料随温度上升而发生的变形，科学研究中最常用的方法是测定应变-温度曲线的方法；企业里最常用的方法是马丁耐热试验、维卡软化点试验和热变形温度试验，这三种方法的原理基本相同，都是将预定应力作用下的标准试样安放于等速升温体系中，然后测定其到达规定变形的温度。

马丁耐热试验是在按一定速度等速升温加热空气介质的炉内，使试样承受一定的弯曲应力，测量试样自由端使加载杠杆臂端产生规定下降高度的温度，并以此作为评价塑料高温变形趋势的方法，它的测试标准可以参考国标 GB/T 1699—2003。其原理是塑料试样抵抗外力的能力与温度相关，随着温度上升，弯曲模量降低，刚度下降，受到弯曲力矩的作用后发生的弯曲变形随之增加，引起加载杠杆倾斜。马丁耐热试验温度，以变形指示器的指针下降来反映试样的形变量，测出下降达到规定值时的温度即为马丁耐热温度。

热变形温度（全称为负荷热变形温度，英文缩写为 HDT）是指将试样浸在一种等速升温的液体传热介质中，在简支梁式的静弯曲负载作用下，试样弯曲变形达到规定值的温度，如图 6-19 所示。测试标准参照 GB/T 1634—2004《负荷变形温度的测定》。

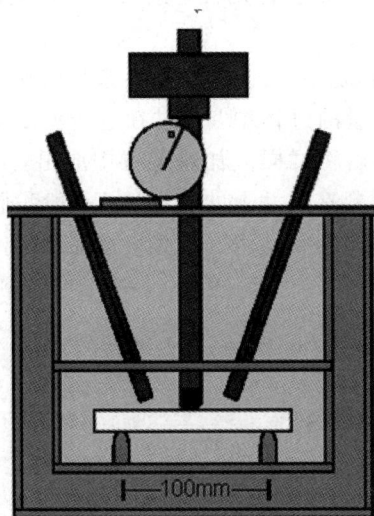

图 6-19　HDT 测试装置示意图

热变形温度是衡量 SLS 树脂制件耐热性的主要指标之一。现在世界各地大部分塑料产品的标准中，都把热变形温度这一指标作为产品质量指标，但它不是最高使用温度，最高使用温度是根据制品的受力情况及使用要求等综合因素来确定的。测量热变形温度的标准很多，常见的有中华人民共和国国家标准(GB)、美国材料与试验协会(ASTM)标准、国际标准化组织(ISO)标准等，由于各标准所规定的测试方法、单位系统等有所区别，因此测试结果也有所不同。SLS 制件热变形温度测量的影响因素比较多，主要包括试验机的影响。例如，试样支架及负载杆的热膨胀导致的读数误差；支座间距、负载杆上的压头与试样位置导致试样最大变形量的变化，从而导致较大的系统误差。负荷热变形温度在测定过程中，负荷的大小对其影响较大。很明显，当试样受到的弯曲应力较大时，所测得的热变形温度就低，反之则高。因此在测量试样尺寸时要求精确至 0.02 mm，这样才能保证计算出来的负荷力是准确的。升温速度的快慢直接影响到试样本身的温度状况，若升温速度快，则试样本身的温度滞后于介质温度较多，即试样本身的温度比介质的温度低得多，因此所获得的热变形温度也就偏高，反之偏低。所以，在具体操作时，必须采用每 6 min 升温 12℃ 的速率，以消除测试过程中不同阶段的不同升温速率所带来的影响。

维卡软化点是在一定升温条件下，以截面积为 $1 mm^2$ 的压针头在规定负荷下刺入塑料试样 1 mm 深时的温度。维卡软化试验是 1894 年由维卡尔提出的，最早由德国正式建立标准方法。

下面我们介绍常用的热变形温度测量方法：

（1）测量试样尺寸。试验前对每个试样的尺寸要仔细测量，测试试样为截面为矩形的长方体，用游标卡尺测量其宽度和厚度，如图 6-20 所示。

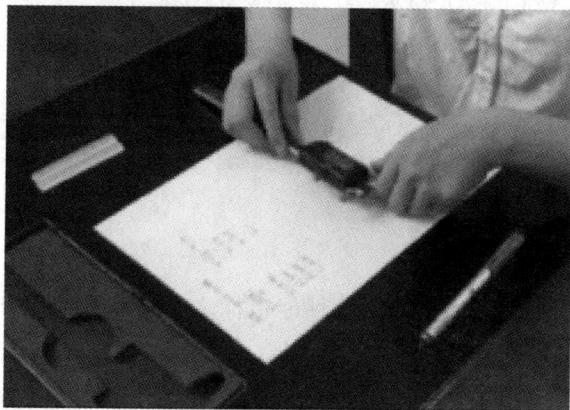

图 6-20　试样尺寸的测量

（2）安放试样。将试样水平放在未加负载的负载杆压头下，与支架底座接触的试样表面应平整，如图 6-21 所示。安放试样时应注意，样条放置在两个支点上，使得压头压在样条中间位置，并使得样条尽量平行于支架。最后将样品架小心地放入油浴槽中，在负载杆顶端加上选好的砝码负荷。

（3）设定试验参数。设定测试的最高温度和升温速率，如图 6-22 所示。

图 6-21　试样的安放

图 6-22　试验参数的设定

（4）完成设置后，启动测试。先调零，再调节形变测量仪的位置，并将试样正确放置（试样放置错误将会触发警报），此时形变量为初始值，然后启动测试，当达到设定形变时，测试自动停止，应迅速记录此时的温度。该温度为该材料的热变形温度。然后结束试验，关闭电源，最后取出样条。

6.3.5　尺寸精度检测

尺寸精度是激光烧结制件的重要质量性能指标之一。对于所有的 3D 打印制品都希望能获得较高的尺寸精度。为了检测 SLS 制件的尺寸精度，使用游标卡尺在制件的 x、y 和 z 方向，即样品的长、宽、厚，各取 5 个点进行测量，并记录各个尺寸数据值，取平均值，利用如下公式进行尺寸偏差计算：

$$\delta = \frac{d_1 - d_0}{d_0} \times 100\%$$ （6-6）

式中，δ 为尺寸偏差（%），d_0 为 SLS 制件实际尺寸的平均值（mm），d_1 为 SLS 制件的设计尺寸（mm）。

第7章　立体光固化成型(SLA) 质量性能检测

7.1 立体光固化成型(SLA)技术简介

立体光固化成型(Stereo Lithography Appearance,SLA)技术是基于三维模型,以液体光敏树脂为原料,通过控制激光使光敏树脂选择性逐层固化,最终形成三维实体的技术。SLA 技术又称为立体光刻成型技术,是一种非常重要的 3D 打印成型技术。

SLA 技术最早出现于 20 世纪 70 年代末到 80 年代初期,由美国的 Alan J. Hebert、日本的小玉秀男、美国的 Charles W. Hull 和日本的丸谷洋二分别在不同的地点提出了 RP 的概念,即利用连续层的选区固化产生三维实体的新思想。现在的快速成型技术中,对 SLA 技术的研究最为深入,运用也最为广泛。由于具有成型过程自动化程度高、制作原型表面质量好、尺寸精度高以及能够实现比较精细的尺寸成型等特点,SLA 技术在概念设计的交流、单件小批量精密铸造、产品模型、快速工模具及直接面向产品的模具等诸多方面广泛应用于航空、汽车、电器、消费品以及医疗等行业(如图 7-1、图 7-2 所示)。

立体光固化成型 3D 打印的优势包括:可降低产品开发费用,缩短开发周期,可加工制造复杂模具并实现设计制造一体化。这些技术优势受到了不同行业的关注,从而使立体光固化成型技术在各行业中广泛应用。尤其在汽车行业,受益于这项新技术的应用,新车型的开发速度比原来快了好几倍,而开发成本却只有原来的几分之一。

大多数汽车灯具的形状是不规则的,其曲面复杂,模具制造难度很大。通过 SLA 技术,可以很快得到精确的产品试样,为模具设计 CAD 和 CAM 提供有利的参

图 7-1　立体光固化成型创意产品

考。同时,也可以通过立体光固化成型技术,结合真空注型工艺,用熔模铸造的方法快速、高精度地制造出灯具模具,如图7-3所示。

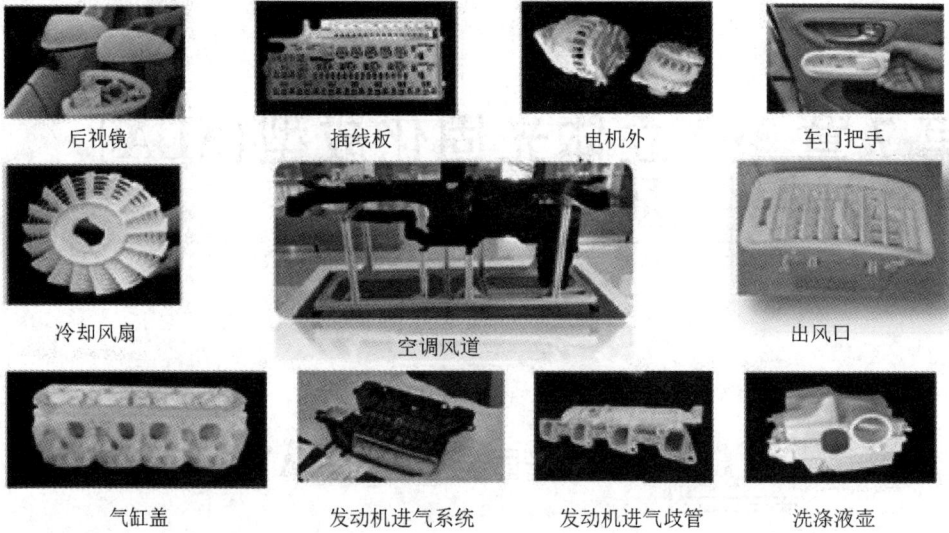

后视镜 插线板 电机外 车门把手

冷却风扇 空调风道 出风口

气缸盖 发动机进气系统 发动机进气歧管 洗涤液壶

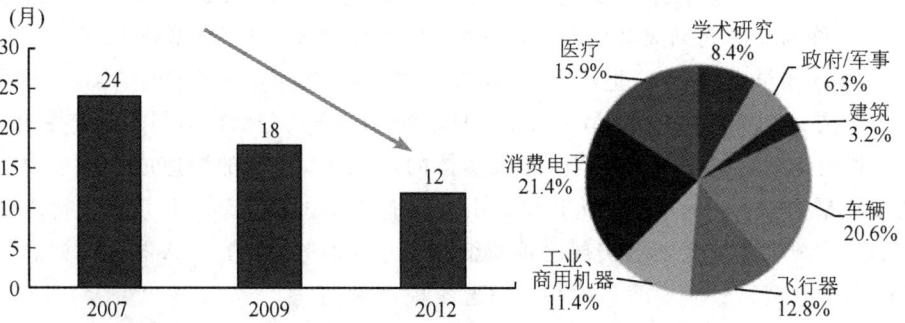

3D打印技术帮助全球汽车厂商缩短车身模具的平均研发时间　　世界快速成型设备应用行业分布(2010)

图 7 - 2　3D 打印在汽车领域的应用

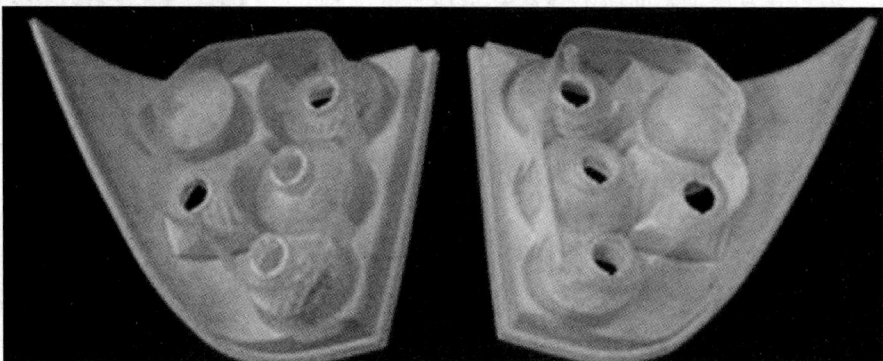

图 7 - 3　汽车灯具的 SLA 成型件

7.1.1　立体光固化成型的原理及优缺点

1. 立体光固化成型工艺的基本原理

立体光固化成型设备根据打印产品三维模型的二维轮廓,通过控制系统控制激光器的扫描方式,选择性地固化一层光敏树脂,形成各个截面轮廓,并逐层按照顺序叠加,最终得到三维实物。立体光固化成型的原理如图 7-4 所示。

液态光敏树指选择性固化

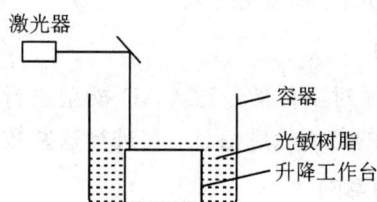

图 7-4　立体光固化成型的原理示意图

立体光固化成型主要包括以下三个过程:第一步,立体光固化成型设备液槽中盛满液态光敏树脂,工作台下移一个层厚的距离,紫外激光器发出的紫外激光光束在控制系统的控制下,按照零件的各分层截面信息,在光敏树脂表面进行逐层扫描,使扫描区域的树脂薄层产生光聚合固化反应,形成零件的一个薄层;第二步,一层固化完毕后,工作台下移一个层厚的距离,使原先固化好的树脂表面敷上一层新的液态树脂,刮板将黏度较大的树脂平面刮平;第三步,激光进行下一层的扫描,新固化的一层牢固地黏结在已固化的一层上,如此循环,直至整个零件制造完毕,从而得到一个三维实体原型。

2. 立体光固化成型技术的优点

立体光固化成型技术的优点如下:

(1) 技术成熟;

(2) 加工速度快,产品生产周期短,无需切削工具与模具;

(3) 可加工复杂的原型和模具;

(4) 使数字模型直观化,节约生产成本;

(5) 可联机操作,远程控制,利于生产的自动化。

3. 立体光固化成型技术的缺点

立体光固化成型技术的缺点如下:

(1) 立体光固化成型系统造价高,使用和维护成本较高;

(2) 因为其打印耗材为液体,对工作环境要求严格;

(3) 成型原件多为树脂类,强度、刚度、耐热性不好,不利于长时间保存;

(4) 操作系统复杂。

7.1.2　立体光固化成型制件质量性能的影响因素

在立体光固化成型工艺中,普遍使用的激光器为 He-Cd 激光器、Ar 离子激光器或固态激光器，而成型材料则以含感光剂的环氧类树脂为主，它比原先使用的丙烯酸类树脂具有更高的固化精度和机械性能。立体光固化成型工艺需要支撑结构，该支撑结构的作用是支撑零件的倒挂结构部分，当零件成型完成后，这些支撑结构必须去除。支撑结构由数据处理软件自动生成，必要时需要进行一定的人为干预。立体光固化成型的支撑结构与零件本体部分一样也是层层堆积而成的，主要区别仅在于激光扫描的参数不同。

立体光固化成型精度是评价立体光固化制件质量性能的主要指标，也一直是立体光固化成型设备研制和用户制作原型过程中密切关注的问题和持续需要解决的难题。影响立体光固化成型制件质量性能的因素主要包括：几何数据处理、光敏树脂固化收缩、树脂涂层厚度、光学系统、激光扫描方式、后处理过程。

1．几何数据处理的影响

在成型过程开始前，必须对实体的三维 CAD 模型进行 STL 格式化及切片分层处理，以便得到加工所需的一系列的截面轮廓信息，在进行这些数据的处理时会带来误差。

2．光敏树脂固化收缩的影响

立体光固化成型工艺中，液态光敏树脂在固化过程中会发生收缩。收缩导致在工件内产生内应力，沿层厚从正在固化的层的表面向下，随固化程度不同，层内应力呈梯度分布。在层与层之间，新固化层收缩时要受到层间黏合力限制，产生层间应力，最终导致立体光固化成型制件产生翘曲变形。

3．树脂涂层厚度的影响

在成型过程中要保证每一层铺涂的树脂厚度一致。当聚合深度小于层厚时，层与层之间将黏合不好，甚至会发生分层；当聚合深度大于层厚时，将引起过固化，产生较大的残余应力，引起翘曲变形，从而影响成型精度。

4．光学系统的影响

在光固化成型过程中，成型用的光点是一个具有一定直径的光斑，因此实际得到的制件是光斑运行路径上一系列固化点的包络线形状。若光斑直径过大，则可能会丢失较小尺寸零件的细微特征，如在进行轮廓拐角扫描时，拐角特征很难成型出来。

5．激光扫描方式的影响

激光扫描方式有顺序往复扫描和分区域往复扫描两种，如图 7-5 所示。扫描方式与成

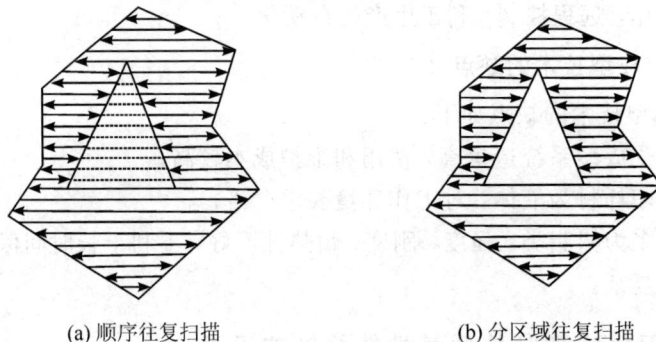

(a) 顺序往复扫描   (b) 分区域往复扫描

图 7-5　激光扫描方式

型工件的内应力有密切关系，合适的扫描方式可减少零件的收缩量，避免翘曲和扭曲变形，提高成型精度。

6. 后处理过程的影响

进行后固化处理时，制件内未固化的树脂和处于凝胶态的树脂发生聚合反应，导致产生均匀或不均匀的形变；工件成型完成后，去除支撑结构时，可能对表面质量产生影响；由于温度、湿度等环境状况的变化，工件可能会继续变形并导致误差。通常可采用修补、打磨、抛光等工艺提高表面质量，但在此过程中若处理不当，则会影响原型的尺寸及形状精度，产生后处理误差。

7.2　立体光固化成型制件的质量性能检测

目前，评价立体光固化成型制件的质量性能的指标主要有尺寸精度、表面粗糙度、拉伸性能、冲击性能以及其他特殊要求的性能等。下面我们介绍上述所说有代表性的立体光固化成型制件质量性能检测方法。

7.2.1　尺寸精度

立体光固化成型制件的尺寸精度主要体现在 XOY 平面内制件的尺寸精度和加工（高度）方向上的尺寸精度。在 XOY 平面内测得的立体光固化成型制件的尺寸和设计值之间的误差较小，在实际加工过程中已经通过测量证实了这一点。而高度方向上测得的尺寸和设计值之间的误差较大，因此尺寸精度的控制主要考虑高度方向上的尺寸精度控制，而高度方向上的尺寸误差主要是由固化深度造成的。

一层树脂固化后总有一定的厚度，即固化深度，若不加以补偿，会引起较大的 Z 向误差，如图 7-6 所示。制件的第一加工层和第 m 层的分层数据恰好包含数据模型的一个下表面，若事先没有补偿，则成型后的下表面将产生一个固化深度的 Z 向误差。

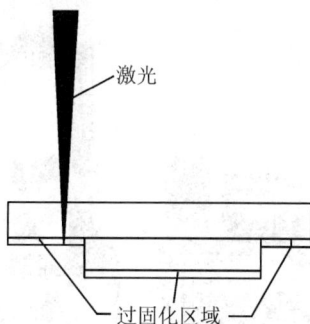

激光

过固化区域

图 7-6　固化深度对制件的影响

除此之外，树脂的溶胀也会引起制件尺寸的偏差。树脂的固化收缩及层间应力将导致制件产生较大的翘曲变形，并且制件尺寸越大，翘曲变形越明显。

7.2.2　表面粗糙度

立体光固化成型制件的表面精度通常用表面粗糙度来表示。表面粗糙度对机械零件的使用性能及寿命影响较大，尤其对在高温、高速和高压条件下工作的机械零件影响更大。立体光固化成型制件的表面粗糙度的检测与常见金属制件相似。取样长度是指评定表面粗糙度所规定的一段基准线的长度，与表面粗糙度的大小相适应。规定取样长度是为了限制和减弱表面波纹度对表面粗糙度测量结果的影响，一般在一个取样长度内应包含 5 个以上的波峰和波谷。评定长度是指为了全面、充分地反映被测量表面的特性，在评定或测量表面轮廓时所必需的一段长度。评定长度可包括一个或多个取样长度。不均匀的表面宜选用较长的评定长度，评定长度一般按 5 个取样长度来确定。

立体光固化成型制件的上表面为平面时，由于其法线方向与加工方向一致，故上表面成型精度最高，表面粗糙度最低，可以达到镜面的效果；立体光固化成型制件的下表面由于与支撑结构接触，故表面成型精度低且表面粗糙度高。表面粗糙度的一维和二维测量，只能反映表面不平度的某些几何特征，把它作为表征整个表面的统计特征是很不充分的，只有用三维评定参数才能真实地反映被测表面的实际特征。

7.2.3　拉伸性能检测

随着材料性能的提高，立体光固化成型技术开始直接用于制作模具甚至最终产品，因此立体光固化成型产品的力学性能对于工程应用及失效分析是至关重要的。不同体系的光敏树脂，其力学性能和断裂方式的差异较大。

静拉伸试验是一种最简单的力学性能试验，并且在测试范围内受力均匀，应力应变及其性能指标的测试稳定、可靠，理论计算方便。通过静拉伸试验，可以测定立体光固化成型制件在变形及断裂过程中最基本的力学性能指标。

立体光固化成型制件的静拉伸制样方法及拉伸设备与金属拉伸试验的相似。常用的设备有电子拉伸试验机(如图 7-7 所示)。通过拉伸试验可得出立体光固化成型制件的应力-

图 7-7　电子拉伸试验机

应变曲线,以及屈服强度、抗拉强度等力学性能指标。

7.2.4　冲击性能检测

　　冲击试验通过把试验材料制成的、具有规定形状和尺寸的试样放置在冲击试验机上,使其被冲断,根据冲断试样所消耗的能量或者所做的功,来得到冲击性能的指标。冲击试验的操作简单方便,容易获得立体光固化成型制件的动态力学性能,并且冲击试验对于立体光固化成型制件材料的脆性倾向问题,以及内部缺陷都极为敏感。因此,这种检测方法在立体光固化成型制件质量检验方面有着广泛的应用。

　　冲击检测所使用的试验机为摆锤式冲击试验机(如图 7-8 所示),摆锤摆动的最低位置为试样放置处。放置好试样后,将扬起的摆锤释放,摆锤下落,通过最低位置时打断试样,继续摆动到一定的位置停下,则试样被冲断时所吸收的功即为冲击吸收功 A_k (如图 7-9 所示)。

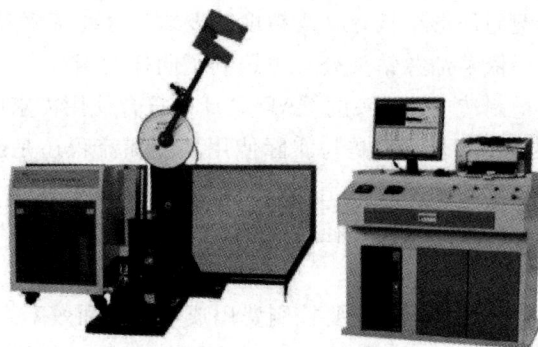

图 7-8　摆锤式冲击试验机

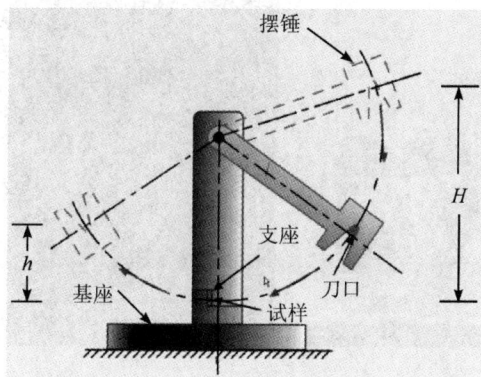

图 7-9　摆锤试验原理图

　　针对立体光固化成型制件,除了上述几个方面的检测,对于一些特殊用途的产品,还需根据实际应用情况进行耐腐蚀性能测试、光学测试、温度测试等特殊的物理化学性能测试。

7.3 | 实例分析

7.3.1 3D打印油井设备钻头

石油钻井所用的聚晶金刚石复合片(Polycrystalline Diamond Compact,PDC)钻头是由天然金刚石表镶制成的,金刚石颗粒在每克拉2～10粒之间,颗粒粗大、晶形完整,每个钻头上的金刚石总量达数百克拉,因此PDC钻头的价格极为昂贵。

为保证昂贵的PDC钻头有效工作,延长使用寿命,需要对工作中因高速运转产生高温的PDC钻头做冷却处理。洗井液从钻头水口流出之后,沿胎体表面排列成连串的金刚石脊背间沟槽,向径向方向冲刷。钻头上的沟槽分布是金刚石钻头的重要结构,因钻井的岩石不同而有所区别,成型沟槽为不规则形态。

昂贵的造价、流线型的外形结构,以及精度的要求,这些都对钻头的设计和制造提出了重重挑战。新疆克拉玛依某油井钻头公司也遇到了同样的困难:

(1) 如何保证在批量制造前,钻头的CAD设计是符合使用需求的?虽然如今的电脑模拟检测技术已经有了很大的发展,但是与实际使用环境和流程还是会有所差异。面对造价如此昂贵的钻头,设计图纸的实物检测是必需的。

(2) 该油井钻头的上部反扣接头外径为200 mm,制作检测样品时,要求1∶1打印,并保证整体打印精度在0.1 mm以内。

(3) 满足实物检测需求的同时,还要控制费用成本和时间效率。

针对以上难题,可以采用立体光固化成型的工艺方案,使用iSLA‐450设备(见图7‐10),一体化打印内部含有优化冷却沟槽的钻头模型。

图7‐10 光固化成型设备iSLA‐450

为了更好地把控立体光固化成型产品的质量,保证钻头达到使用所要求的精度,针对3D打印产品模型表面的尺寸精度需要进行三维的测量。采用如图7‐11所示的三维智能检测设备,可以对3D打印模型的尺寸精度进行检测。通过检测可知,精度达到0.05 mm,满足产品要求。

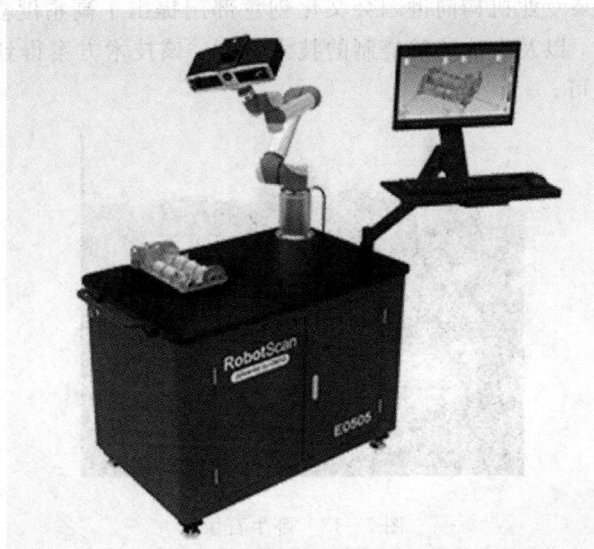

图 7-11　三维智能检测设备

产品的实际使用结果也显示,通过 SLA 技术制备的实体样件(如图 7-12 所示),可用于设计评估、沟通交流和洗井液的水路检测,还可以用作最终产品的制造原型。采用立体光固化成型工艺打印钻头的方案可帮助钻头设计研发部门推动产品的创新迭代,提高产品设计的保密水平,降低产品出错风险,提高产品交付效率,且节约检测成本。

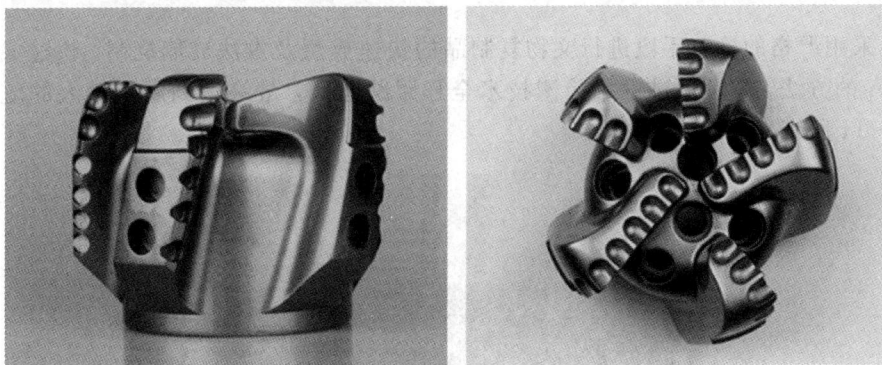

图 7-12　SLA 制备出的油井钻头产品

7.3.2　《大汉十六品》文物复制

《大汉十六品》是 16 件用琉璃复制的雕塑作品,其中石鲸和牛郎的原型为汉太液池遗址雕塑,石鼓、石熊的原型为陕西淳化甘泉宫遗址雕塑,其他 12 件均为茂陵霍去病墓前石雕的复制品。茂陵雕刻原作是国宝级的文物,且体量巨大,无法随便搬动,为了把它们统一展现在广大世园会游客面前,必须采取复制的方法,而传统的复制方法常常会损坏珍贵的文物本身。而且由于时间久远,卧牛石像的背部出现了几道类似马鞍的图案,但这个图案在雕像初期是没有的。而是民国时期后人加上去的。茂陵博物馆方面希望通过数据处理及3D 打印成型技术还原千年石像在大汉时期的本来面貌。

针对上述问题，某专业机构向世园会文化创意部门提出了高精度立体扫描，结合模具立体光固化快速成型，以及古法琉璃烧制的技术方案，该技术方案得到了世园会各位领导和评审专家的一致认可。

图 7 - 13 卧牛石像

方案操作流程如下（以卧牛的扫描为案例）：

（1）利用 Shining3D-Scanner 通用型三维扫描仪对卧牛石像（如图 7 - 13 所示）进行扫描，获得高精度的点云数据。

（2）利用 Shining3D-Scanner 通用型三维扫描仪的配套软件 3DScan 进行处理，得到 STL 格式的三维模型。

（3）不断与博物馆的人员沟通探讨，将马鞍图案去除，最大程度地还原了文物历史原貌。

（4）采用严格的检测手段进行文物复制品的快速成型及古法琉璃烧制。快速成型模具采用 SLA 的方法，并且通过三维检测技术全程跟踪监测，最终得到震撼世人的琉璃作品（如图 7 - 14 所示）。

图 7 - 14 卧牛琉璃作品

此次文物复制的过程中大量使用了三维检测技术。在三维测量中，因为传统的接触测量方法已经越来越难以满足现代化的需要，所以各种非接触测量方法在三维测量中渐渐地占据了重要地位。而基于计算机视觉的非接触测量方法，随着计算机技术和视觉检测技术的发展，体现出了巨大的优越性，已经成为一种重要的检测手段。

一个完整的立体视觉系统通常由图像获取、摄像机标定、特征提取、立体匹配、深度计算和数据处理六部分组成。由于它直接模拟了人类的视觉功能,因此该立体视觉系统可以在多种条件下灵活地测量物体的立体信息,而且通过高精度的边缘提取技术,可以获得较高的空间定位精度(相对误差达到1%~2%),因此在计算机被动测距中得到广泛应用。而主动三维测量技术则采用不同的投射装置向被测物体投射不同种类的结构光,并拍摄被测物体表面调制而发生变形的结构光图像,然后从携带被测物体表面三维形貌信息的图像中计算出被测物体的三维形貌数据。

针对本实例中的卧牛模型的三维测量,需要观察模型,确定基本的测量方法。测量流程如下:

(1)调试设备,标定摄像机。

(2)观察被测物体的特点及表面材质。如果表面较亮,有反光现象,或者表面过暗,有吸光现象,就要在被测物体表面喷涂白色显影剂,使得被测物体表面具有均匀的漫反射,这样更有利于模型的测量,获取的点云数据的精度更高。由于本实例中的被测物体具有均匀的漫反射,故不用在其表面喷涂显影剂,可直接进行测量。

(3)为了能够通过测量得到完整的模型点云数据,向被测量模型粘贴标志点。

(4)打开测量软件,新建工程,并完成命名。

(5)调整摄像机的光圈等参数,设定拼接方式。

(6)开始测量,投射光栅到被测物体上,经过多次测量,得到最终结果。

7.3.3 熔模铸造

熔模铸造通常是指将易熔材料制成模样,在模样表面包覆若干层耐火材料,制成型壳,再将模样熔化后排出型壳,从而获得无分型面的铸型,经高温焙烧后即可填砂浇注的铸造工艺。这个工艺的主要优点是它能够快速地、低成本地生产复杂金属零件。图7-15是熔模铸造的铸件图。

图7-15 熔模铸造铸件图

20世纪50年代,精铸件模具设计主要靠设计人员在图纸上进行手工二维串行设计,要求高、周期长,还容易出现反复修改的情况。20世纪60年代后期,随着计算机软硬件技术的发展,开始出现了一些CAD模具设计软件,如AutoCAD等,设计人员可以借助计算机进行CAD模具设计,大大提高了模具设计的效率,缩短了模具设计的周期。20世纪90年代出现了UG、PRO/E、CATIA等功能强大的CAD/CAE/CAPP/CAM三维工程软件,设计人员可借助它们进行二次开发，完成模具的设计及制造过程，使模具的制造精度提高到新的水平，并缩短了模具的制造周期。到了 21 世纪，3D 打印快速成型技术开始与精密铸造技术相结合，成为熔模铸造最高效的方法。特别是对制造形状复杂和具有自由曲面的零件，其优越性更加明显，在小批量或复杂形状产品的铸造方面具有很好的应用和推广价值，大大缩短了新产品投入市场的生产周期，实现了快速占领市场的需要。

由于熔模铸造生产工艺较普通砂型铸造更为复杂，铸件产生缺陷的概率高、影响因素多，并且铸件成品质量要求也相对较高。因此，在蜡模的 3D 打印快速成型过程中需要对质量做到严格的把控。

针对 3D 打印成型的模型，除了三维尺寸的检测，其表面缺陷也会对熔模铸件产生较大的影响。一般情况下，3D 打印成型蜡模的表面缺陷主要包括流纹和表面粗糙两种（如图 7-16 所示）。流纹是指在蜡模表面局部存在的不规则纹路；表面粗糙是指蜡模表面较为粗糙，不光洁。流纹产生的原因主要是在 3D 打印成型过程中打印速度较低，导致蜡料的流动性和填充能力降低。表面粗糙的主要原因是 3D 打印成型设备本身的精度限制。因此，在进行熔模铸造蜡模 3D 打印成型时应采用较高精度的 3D 打印成型设备，并且打印完成之后，必要时还须进行表面打磨以提高表面光洁度。

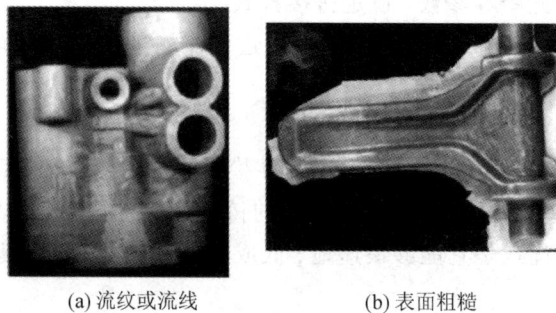

(a) 流纹或流线　　　　　(b) 表面粗糙

图 7-16　蜡模常见的表面缺陷

1. 表面粗糙度轮廓的检测

表面粗糙度轮廓的检测方法主要有比较检验法、针描法、光切法和显微干涉法等。

1) 比较检验法

比较检验法是指将被测表面与已知 Ra 值的表面粗糙度轮廓比较样块进行触觉和视觉比较的方法。所选用的样块和被测零件的加工方法必须相同，并且样块的材料、形状、表面色泽等应尽可能地与被测零件一致。判断的准则是根据被测表面加工痕迹的深浅来决定其表面粗糙度轮廓是否符合零件图上规定的技术要求。若被测表面加工痕迹的深度相当于或小于样块加工痕迹的深度，则表示该被测表面粗糙度轮廓幅度参数 Ra 的数值不大于样块所标记的 Ra 值。这种方法简单易行，但测量精度不高。

触觉比较是指用手指触摸来判别，适宜于检验 Ra 值为 $1.25 \sim 10\ \mu m$ 的外表面。

视觉比较是指靠目测或用放大镜、比较显微镜观察，适宜于检验 Ra 值为 $0.16 \sim 100\ \mu m$ 的外表面。

2) 针描法

针描法是指利用触针划过被测表面，把表面粗糙度轮廓放大后描绘出来，经过计算处

理装置直接给出 Ra 值。采用针描法的原理制成的表面粗糙度轮廓量仪称为触针式轮廓仪，它适宜于测量 Ra 值为 $0.04\sim5.0~\mu m$ 的内、外表面和球面。

触针式轮廓仪的基本结构见图 7-17。触针式轮廓仪的驱动箱以恒速拖动传感器，并沿被测表面轮廓的 X 轴方向移动，传感器测杆上的金刚石触针与被测表面轮廓接触，触针把该轮廓上的微小峰、谷转换为垂直位移，位移经传感器转换为电信号，然后经检波、放大装置后分送两路，其中一路送至记录器，记录实际表面粗糙度轮廓，另一路经滤波器消除(或减弱)波纹度的影响，由指示表显示出 Ra 值。

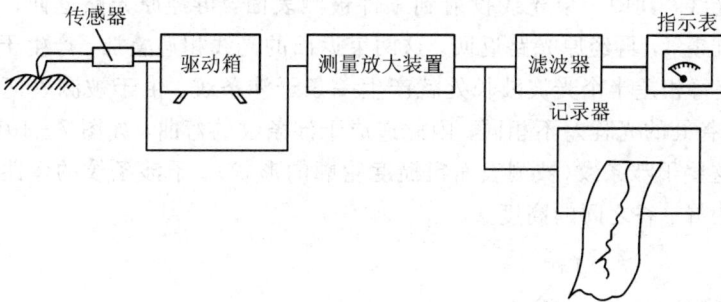

图 7-17　触针式轮廓仪的基本结构

3) 光切法

光切法是指利用光切原理测量表面粗糙度轮廓的方法，属于非接触测量的方法。利用光切原理制成的表面粗糙度轮廓量仪称为光切显微镜(或称为双管显微镜)，它适宜于测量 Rz 值为 $2.0\sim63~\mu m$（相当于 Ra 值为 $0.32\sim10~\mu m$)的平面和外圆柱面。

光切显微镜的测量原理图见图 7-18。光切显微镜有两个轴线相互垂直的光管，左光管为观察管，右光管为照明管。由光源 1 发出的光线经狭缝 2 后形成平行光束。该光束以与两光管轴线夹角的平分线成 $45°$ 的入射角投射到被测表面上，把表面轮廓切成窄长的光带。该被测轮廓上的峰尖与谷底之间的高度为 h。光带以与两光管轴线夹角的平分线成 $45°$ 的反射角反射到观察管的目镜 3。从目镜 3 中观察到放大的光带影像(即放大的被测轮廓影像)，它的高度为 h'。

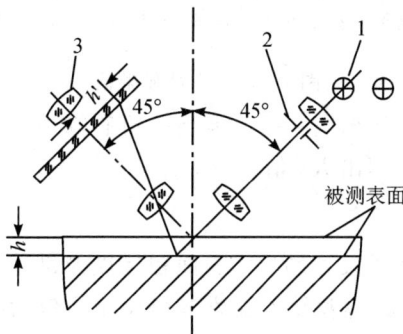

1—光源；2—狭缝；3—目镜。

图 7-18　光切显微镜测量原理图

在一个取样长度范围内，找出同一光带所有峰中最高的一个峰尖和所有谷中最低的一个谷底，利用量仪测微装置测出该峰尖与该谷底之间的距离(h' 值)，把它换算为 h 值，即

可求解出 Rz 值。

4）显微干涉法

显微干涉法是指利用光波干涉原理和显微系统测量精密加工表面粗糙度轮廓的方法，属于非接触测量的方法。采用显微干涉法的原理制成的表面粗糙度轮廓量仪称为干涉显微镜，它适用于测量 Rz 值为 $0.063\sim1.0~\mu m$（相当于 Ra 值为 $0.01\sim0.16~\mu m$）的平面、外圆柱面和球面。

干涉显微镜的测量原理如图 7-19(a)所示。光源 1 发出的一束光线，经反射镜 2、分光镜 3 分成两束光线，其中一束光线投射到工件被测表面，再经原光路返回；另一束光线投射到量仪的标准镜 4，再经原光路返回。这两束返回的光线相遇叠加，产生干涉而形成干涉条纹，在光程差每相差半个光波波长处就产生一条干涉条纹。由于被测表面轮廓存在微小峰、谷，而峰、谷处的光程差不相同，因此造成干涉条纹的弯曲，如图 7-19(b)所示。通过目镜 5 观察到这些干涉条纹（被测表面粗糙度轮廓的形状）。干涉条纹的弯曲量反映了被测表面轮廓上微小峰、谷之间的高度。

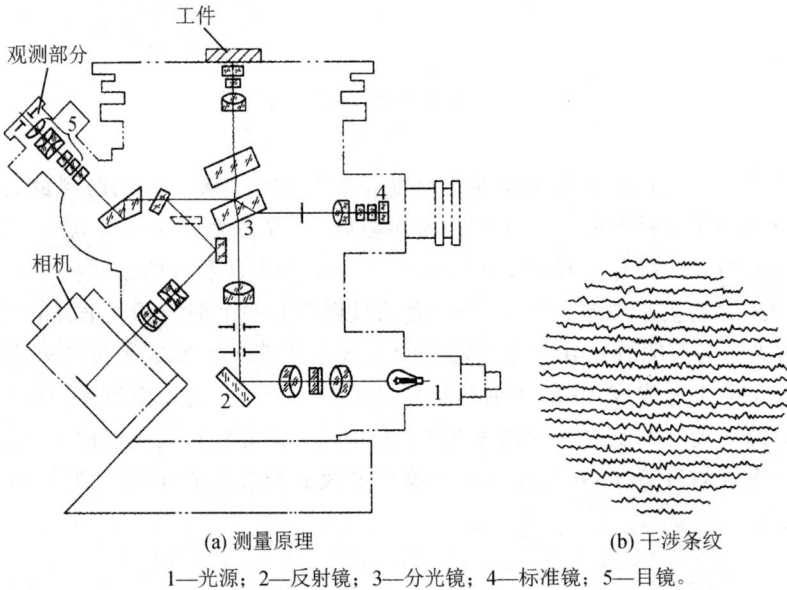

(a) 测量原理　　　　　　　　　　　　　　(b) 干涉条纹

1—光源；2—反射镜；3—分光镜；4—标准镜；5—目镜。

图 7-19　干涉显微镜

在一个取样长度范围内，测出同一条干涉条纹所有峰中最高的一个峰尖至所有谷中最低的一个谷底的距离，即可求解出 Rz 值。

2. 耐高温性能测试

针对熔模铸造的蜡模，除了尺寸精度、表面粗糙度及缺陷等常规测试，常常还需要进行一些特殊的耐高温性能测试。这些耐高温性能测试主要包括高温透气性测试（可依据 JB/T 4153—1999）、高温抗弯强度测试（可依据 JB/T 2980.2—1999），以及高温热变形量测试（可依据 JB/T 2980.1—1999）。

1）高温透气性测试（可依据 JB/T 4153—1999）

用一端加热的石英管在乒乓球上烧一小孔。等石英管冷却后将管插入乒乓球内 5～

10 mm，用蜡把接触处焊牢。用含表面活性剂的水溶液清洗乒乓球及焊处。采用立体光固化成型工艺制备蜡模，模壁厚应均匀。

将停放两天的试样放入焙烧炉中，以 8℃/min 的升温速度升温至 180℃，然后保温至乒乓球完全汽化为止。随后以 16～18℃/min 的升温速度快速升温至焙烧温度，保温后随炉冷却，取出试样待测。

用软橡皮管将石英管与高温透气性测定仪连接。把试样放入已升至所需测定温度的电炉中央区，保温 15 min。打开无油空压机开关，将压力调至 0.2～0.25 MPa。打开流量计和试样前的两通阀，调定值器手柄，使压力达到规定值。从流量计中读出并记下流量。随后取出试样，冷却后将蜡模打破，用卡尺测量四个不同方向的厚度，算出平均值。

利用公式计算出透气性：

$$K = \frac{Q/t}{pA} \times d \tag{7-1}$$

其中：K 为蜡模透气性($m^4/(N \cdot min)$)；Q/t 为通过蜡模的气体流量(m^3/min)；d 为试样平均壁厚(m)；p 为空气压力(Pa)；A 为试样内表面积(m^2)。

2) 高温抗弯强度测试(可依据 JB/T 2980.2—1999)

采用如图 7-20(b)所示的带有八个凹穴的蜡模，按生产工艺或根据检测要求制备试样。试样形状及尺寸如图 7-20(a)所示。试样脱蜡后经 110℃保温 2 h 烘干。

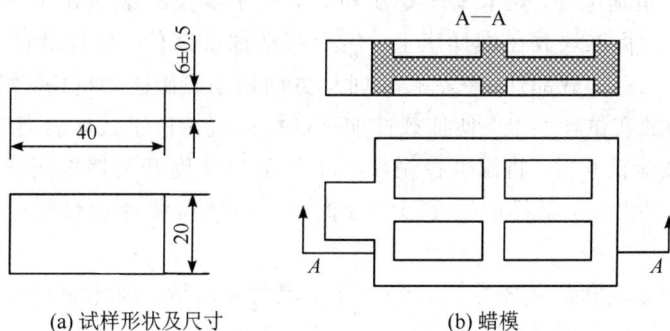

图 7-20　高温抗弯强度测试试样

将高温抗弯强度仪的上下刀口对中，把测量合格的试样放入炉中的下刀口，加热至试验温度，待保温 0.5 h 后开始试验。当连续试验时，每个试样必须保证在试验温度下保温 10 min。当测定试样的静态抗弯强度时，加载速度一般为 5～6 mm/min。试样碰到上刀口后进入加载状态，继续上升下刀口，使压力升至试样断裂为止。由 XWC-200 型电位差计读出变形量及所施加的载荷值 P。最后将断裂后的试样移送到炉后的非测试区存放，再由炉子后门取出。

将每个试样测得的载荷值代入公式，求出抗弯强度值：

$$\sigma_{弯} = \frac{3LP}{2ah^2} \tag{7-2}$$

式中：$\sigma_{弯}$ 为抗弯强度(MPa)；L 为抗弯曲跨距(mm)；P 为试样承受载荷(N)；a 为试样宽度(mm)；h 为试样厚度(mm)。

抗弯强度值应取不少于 5 个试样的试验结果的平均值。

3）高温热变形量测试（可依据 JB/T 2980.1—1999）

试样形状及尺寸如图 7-21(a)所示。试样采用两块蜡模组装，如图 7-21(b)所示，在蜡模内壁约涂六层制壳材，使壳厚略超过 6 mm，然后沿蜡模内口把试样刮平，保证试样厚度为 6 mm。试样脱蜡后经 110℃保温 2 h 烘干。

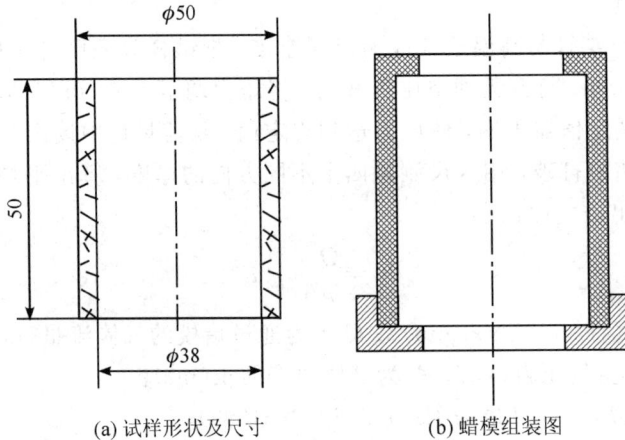

(a) 试样形状及尺寸　　　　　(b) 蜡模组装图

图 7-21　高温热变形量测试试样

把测量杆调至铅垂位置，调节安平螺旋机构，使水准仪的水泡处于居中位置；进行试验时，把中间有孔的标准块放在试样座上，然后移动加载部件，使加载杆下降时正好能落入标准块的孔中，固定加载部件，然后按逆时针方向松动螺旋微调机构，提起加载杆，去掉标准块，把试样横放在试样座上，使加载杆加于试样的载荷位于试样表面的中心位置。

检查各仪表性能正常后，将温度控制仪表上的加热速度开关拨至所需位置，开始给试样加热，随着温度的升高，试样产生变形的数据将在电感位移计和双笔记录仪上显示和记录下来。

由于仪器整个系统和加载杆受热后也会有一定的变形量，因此加载杆的位移并不等于试样的变形量，需要减去相同条件下的"空白试验"数据。

参 考 文 献

[1] 李慕勤，李俊刚，吕迎，等. 材料表面工程技术[M]. 北京：化学工业出版社，2010.

[2] 威廉 M 斯顿. 材料激光工艺过程[M]. 蒙大桥，张友寿，何建军，等，译. 北京：机械工业出版社，2012.

[3] 叶玉堂. 激光微细加工[M]. 北京：电子科技出版社，1995.

[4] 史玉升，等. 激光制造技术[M]. 北京：机械工业出版社，2011.

[5] 周建忠，刘会霞. 激光快速制造技术及应用[M]. 北京：化学工业出版社，2009.

[6] 金冈 优. 激光加工[M]. 北京：机械工业出版社，2005.

[7] 叶建斌，戴春祥. 激光切割技术[M]. 上海：上海科学技术出版社，2012.

[8] 虞钢，虞和济. 集成化激光智能加工工程[M]. 北京：冶金工业出版社，2002.

[9] 张永康，周建忠，叶云霞. 激光加工技术[M]. 北京：化学工业出版社，2004.

[10] 左铁钏，等. 21 世纪的先进制造：激光技术与工程[M]. 北京：科学出版社，2007.

[11] 子俊曰. 激光切割碳钢板中的 10 种常见问题与解决办法. 搜狐，https：//www. sohu. com/a/86390862_258564.

[12] 不锈钢氮气激光切割常见问题缺陷分析. 百度文库，https：//wenku. baidu. com/view/eb4e40f3b72acfc789eb172ded630b1c58ee9b2c. html?.

[13] 张珊. 粘渣现象及其对策[J]. 激光与光电子学进展，1988(06)：29 – 32.

[14] 张厚江，钱桦，王磊，等. 木质材料激光雕刻技术的研究[J]. 林业机械与木工设备，2006(02)：23 – 26.

[15] 赖仁享，程国祥，谢居懿，等. 激光切割装备在航空零部件制造中的应用[J]. 金属加工(热加工)，2015，727(04)：39 – 41.

[16] 朱建斗. 激光切割的应用[C]//中国机械制造工艺协会，机械科学研究总院先进制造技术研究中心，先进成形技术与装备国家重点实验室. 2008 年全国机电企业工艺年会暨《新兴铸管杯》工艺论坛征文论文集. [出版者不详]，2008：7.

[17] 段爱琴，刘平诚，祁开桃，等. 高压无氧激光切割试验研究[J]. 航空制造技术，1999(S1)：8 – 10，16.

[18] 花银群，陈瑞芳，张永康，等. 激光切割表面质量比照判别与控制方法[J]. 金属热处理，2001，26(11)：25 – 27，40.

[19] 姚建华. 激光表面改性技术及其应用[M]. 北京：国防工业出版社，2012.

[20] 周羊羊，马国政，王海斗，等. 热喷涂层孔隙及对涂层性能影响的研究现状[J]. 材料导报，2016，03(9)：90 – 96.

[21] 林继兴. 新型血管支架用 β 型 Ti-Ta-Hf-Zr 合金设计及组织、性能研究[D]. 长春：吉林大学，2017.

[22] 徐杰. β稳定元素对医用钛合金腐蚀性能的影响[D]. 湘潭：湘潭大学，2009.

[23] http：//www. mat-test. com/Post/Details/PT150806000036gNjPm

[24] 曹洪钢. H13模具半导体激光强化与修复的研究[D]. 长春：吉林大学，2017.

[25] 林继兴. 激光功率对球阀表面激光熔覆Co基合金涂层稀释率及耐腐蚀性能的影响[J]. 热加工工艺，2014，43(20)：112-114.

[26] 关振中. 激光加工工艺手册[M]. 2版. 北京：中国计量出版社，2007.

[27] 张冬云. 激光先进制造基础实验[M]. 北京：北京工业大学出版社，2014.

[28] 曹凤国. 激光加工技术[M]. 北京：北京科学技术出版社，2007.

[29] 张国顺. 现代激光制造技术[M]. 北京：化学工业出版社，2005.

[30] 郑启光，邵丹. 激光加工工艺与设备[M]. 北京：机械工业出版社，2009.

[31] 胡传炘，夏志东. 特种加工手册[M]. 北京：北京工业大学出版社，2005.

[32] 郭劲，李殿军，等. 高功率CO_2激光器及其应用技术[M]. 北京：科学出版社，2013.

[33] 傅炳炎，欧阳八生，刘卫东，等. 0.12 mm不锈钢薄板光纤激光回转法打孔工艺优化分析[J]. 光学技术，2016，42(2)：126-129.

[34] 陈岱民. 碳钢激光打微孔质量控制技术研究[D]. 长春：长春理工大学，2013.

[35] 汪军. 橡胶阻尼材料激光打孔研究[D]. 武汉：湖北工业大学，2016.

[36] 段金鹏. 皮秒激光加工系统及精密钻孔工艺的研究[D]. 北京：北京工业大学，2012.

[37] 杨焕，黄珊，段军，等. 飞秒与纳秒激光刻蚀单晶硅对比研究[J]. 中国激光，2013(01)：95-100.

[38] 激光加工机械 金属切割的性能规范与标准检查程序：GB/Z 18462—2001[S].

[39] 金属材料 维氏硬度试验 第1部分：试验方法：GB/T 4340.1—2009[S].

[40] 人造气氛腐蚀试验盐雾试验：GB/T 10125—2012[S].

[41] 金属熔化焊接头缺欠分类及说明：GB/T 6417.1—2005[S].

[42] 电子束及激光焊接工艺评定试验方法：GB/T 29710—2013[S].

[43] 焊接接头拉伸试验方法：GB/T 2651—2008[S].

[44] 焊接接头冲击试验方法：GB/T 2650—2008[S].

[45] 金属材料焊缝破坏性试验 焊缝宏观和微观检验：GB/T 26955—2011[S].

[46] 焊接及相关工艺方法代号：GB/T 5158—2005[S].

[47] 金属材料室温拉伸试验方法：GB/T 228.1—2010[S].

[48] 金属材料拉伸试验 第2部分：高温试验方法：GB/T 228.2—2015[S].

[49] 夏比摆锤冲击试验方法：GB/T 229—2007[S].

[50] 焊接接头硬度试验方法：GB/T 2654—2008[S].

[51] 金属材料焊缝破坏性试验 焊接接头显微硬度试验：GB/T 27552—2011[S].

[52] 金属材料焊缝破坏性试验 宏观和微观检验用侵蚀剂：GB/T 26956—2011[S].

[53] 焊缝无损检测 超声检测 技术、检测等级和评定：GB/T 11345—2013[S].

[54] 奥氏体不锈钢薄板对接焊接接头超声检测：DB 44/T 1852—2016[S].

[55] 电站锅炉集箱小口径接管座角焊缝无损检测技术导则 第2部分 超声检测：DL/T 1105.2—2010[S].

[56] 金属熔化焊焊接接头射线照相：GB/T 3323—2005[S].

[57] 焊缝无损检测 磁粉检测：GB/T 26951—2011[S].

[58] 焊缝无损检测 焊缝渗透检测 验收等级：GB/T 26953—2011[S].

[59] 塑料拉伸性能试验方法：GB/T 1040—92[S].

[60] 塑料试样状态调节和试验的标准环境：GB/T 2918—1982[S].

[61] 硬质橡胶马丁耐热温度的测定：GB/T 1699—2003[S].

[62] 负荷变形温度的测定：GB/T 1634—2004[S].

[63] 金属材料焊缝的破坏性试验 激光和电子束焊接窄接头的硬度试验(维氏和努氏硬度试验)：ISO 22826—2005[S].